화성의 북극관

착륙선을 분리시키는 바이킹 궤도선

바이킹 착륙선

착륙하는 피닉스호

큐리오시티호의 바퀴 자국

큐리오시티호가 동쪽으로 본 풍경

거대 화산인 올림퍼스 산

화성의 전체 모습

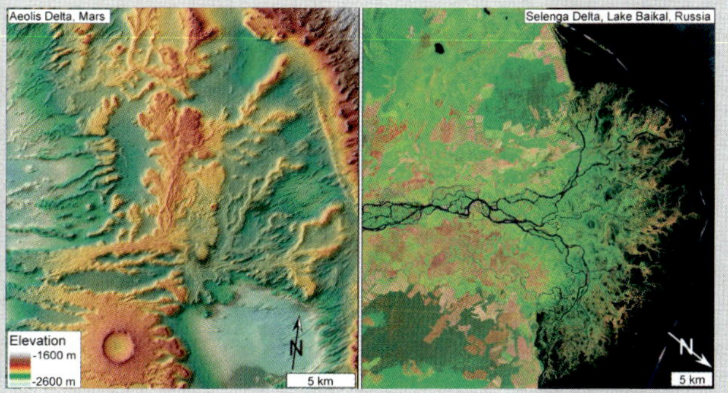

화성의 델타 지역

얼음과 드라이아이스로 이루어진 극관

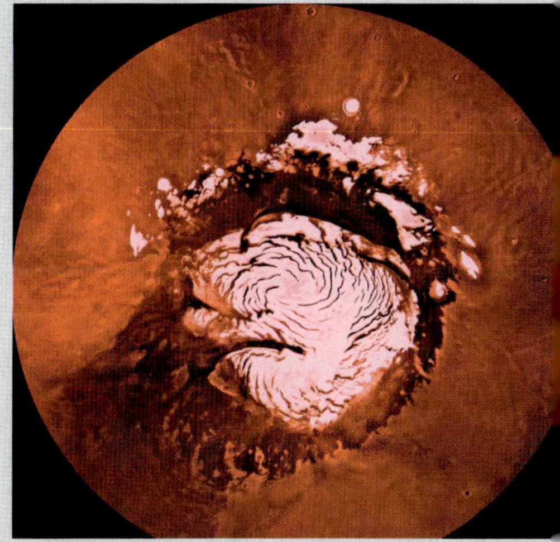

MGS호

마스오디세이호의 모습

MRO호가 찍은 물이 흐른 자국

화성과
화성 생명체의
탐사

한국과학기술한림원

- 과학기술에 전문적 경륜과 식견을 가진 석학들을 회원으로 엄선, 각 부문별 전문성을 효율적으로 활용함으로써 국가 과학기술의 진흥과 창달에 기여하기 위해 1994년에 설립되었습니다.
- 2005년 기초과학연구진흥법 제11조(한국과학기술한림원의 설립 등)에 의거 법정기구화되었습니다.
- 독립성, 자율성 및 전문성을 바탕으로 하는 순수 민간 과학아카데미로, 편견 없는 대정부 정책자문을 통해 올바른 과학기술정책의 수립을 유도하고 있으며, 범부처적 국가 과학기술정책에 대한 자문과 건의를 통한 과학기술발전의 장기적 비전을 제시하고 있습니다.
- 우리나라의 과학기술 선진국 진입을 위한 기초 과학기술 진흥사업을 수행하고 있으며, 외국 한림원 및 과학기술 국제기구 등과의 학술교류를 통해 과학기술 민간외교의 중심체 역할을 담당하고 있습니다.

화성과 화성 생명체의 탐사

1판 1쇄 찍음 | 2013년 12월 26일
1판 1쇄 펴냄 | 2013년 12월 31일

지은이 | 민영기
발행인 | 주정회
발행처 | 자유아카데미
등록 | 제 406-2003-017호, 1980. 7. 12

주소 | 경기도 파주시 회동길 37-42 파주출판도시
전화 | 031-955-1321
팩스 | 031-955-1322
홈페이지 | www.freeaca.com
전자우편 | main@freeaca.com(대표)
editor@freeaca.com(편집)

ISBN 978-89-7338-280-4 03500

한국과학기술한림원
『석학, 과학기술을 말하다』 시리즈⑱

화성과 화성 생명체의 탐사

민영기 지음

자유아카데미

머리말

요즈음 화성에 관한 이야기가 언론 매체에 자주 보도되고 있다. 여기에는 2012년 화성으로 쏘아 올린 최첨단 탐사 로버(Rover)인 큐리오시티가 큰 역할을 하고 있다. 큐리오시티는 화성 표면을 이동하면서 생명체를 비롯한 여러 가지 탐사 작업을 통해 얻은 새로운 사실을 속속 보내오고 있다. 이제 화성 생명체가 발견되었다는 소식이 전해질 날도 머지않은 듯하다. 따라서 우리가 화성에 관심을 갖고 화성에 관한 뉴스에 귀를 기울이는 것은 극히 자연스러운 일이라고 할 수 있다.

밤하늘에는 수없이 많은 별들이 반짝인다. 그 많은 별들 중에서 인간이 가장 많은 관심과 흥미를 보이는 별이 화성이다. 화성은 태양에서 세 번째에 위치한 행성으로 지구와 가장 많이 닮았다. 화성(火星)은 붉은색을 띠는 데다 말의 뜻 그대로 불의 행성으로 알려져 있어 우리에게는 좋지 않은 영향을 주는 천체로 생각되어 왔다. 바빌로니아에서는 화성을 죽음과 질병의 상징으로 여겼고, 그리스와 로마에서는 전쟁의 신으로 숭앙되기도 하였다.

화성은 19세기 후반부터 일반인들의 관심거리로 떠오르기 시작하였다. 1879년 이탈리아의 스키아파렐리(Giovanni Virginio Schiaparelli)가 화성 표면에 줄무늬가 있다고 발표하였는데, 이것이 운하로 잘못 해석되기도 하였고, 19세기 말에는 미국의 천문학자 로웰(Percival Lowell)이 화성의 운하가 화성인들이 물의 관개를 위해서 파놓은 것이라고 발표하면서 화성인의 존재가 널리 받아들여지기도 하였다. 비슷한 시기에 영국의 웰스(Herbert George Wells)는 화성인의 지구 침공을 그린 소설 『우주 전쟁』을 발표하여 전 지구를 공포 속으로 몰아넣기도 하였다. 그 후에도 화성과 화성인은 여러 대중 매체에서 흥미 있는 소재로 등장하면서 우리의 일상 속으로 들어왔다.

20세기 중반 우주 개발이 본격화되면서 화성 탐사가 시작되었다. 화성 궤도를 도는 궤도선, 표면에 연착륙해서 착륙 지점을 탐사하는 정지 탐사선, 그리고 표면을 이동하면서 탐사하는 로버 등에 의한 탐사가 이루어졌다. 현재까지 45대의 탐사선이 발사되었고, 절반에 못 미치는 21대가 탐사에 성공하였다. 탐사선들은 그동안 많은 새로운 사실을 발견하는 성과를 올렸으나 아직 생명체를 직접 발견하였다는 뉴스는 전해지고 있지 않다. 그러나 물과 얼음이 발견되었고, 과거에 물이 고이거나 흘러서 형성된 호수와 강바닥, 그리고 여러 가지 광물질과 진흙도 발견되었다. 지상에는 물이 흐르지 않지만 지하에는 물이 풍부한 것으로 추측되고 있다. 대기 중에서는 메테인 가스도 발견되었다. 이와 같이 생명체가 존재하는 환경에서 나타나는 여러 가지 징후로 볼 때 화성에는 과거에 생명체가 존재하였거나 현재 존재하고 있을 가능성이 높은 것으로 판단된다. 현재 큐리오시티 로버가 화성 표면을 이동해 가면서 생명이 살기에 가장 적합한 환경을 지닌 장소 몇 곳에서 굴착기로 땅을 파내어 탐사를 벌이고 있어 화성 생명체에 관한 궁금증도 머지않아 풀릴 것으로 기대되고 있다.

또한 화성에서 토양과 암석의 표본을 지구로 가져와서 조사하는 표본 회수 우주선이 곧 화성으로 보내질 예정이며, 미국은 2030년까지 사람을 화성에 보낼 계획을 세워 놓고 추진 중이다. 앞으로 화성은 인간이 상주하는 식민지로 개발될 예정에 있다. 미래에는 화성이 달 다음으로 인간에게 가장 많은 혜택을 가져다 줄 천체가 될 것이 확실하다.

그동안 10여 개의 인공위성을 발사한 우리나라도 선진국의 독점 무대였던 천체 탐사에 참여할 계획을 세워 놓고 있다. 2020년대 초에 달에 궤도선과 착륙선을 보낸다는 계획을 세워 놓고 있어 한국의 탐사선이 화성으로 발사될 날도 멀지 않을 것으로 기대된다.

이 책은 화성이 우리 곁으로 가까이 다가오고 있음에도 불구하고 언론 매체를 통해서 단편적인 지식만을 접하는 일반인과 학생들에게 화성과 화성 생명체 탐사에 관한 모든 것을 알리기 위한 목적으로 추진되었다. 이 책에는 화성 탐사의 역사, 화성 운하와 화성인의 등장 과정, 바이킹을 비롯한 탐사선의 실체와 탐사 결과, 지금까지 알아낸 화성의 정체, 큐리오시티 등의 로버들의 탐사 성과와 앞으로의 탐사 계획, 그리고 미래에 이루어질 화성 개발과 화성 식민지 계획 등의 내용이 포함되어 있다. 이 책의 주요 내용이 과학 이야기인 만큼 일반인에게는 생소한 전문 용어도 일부 사용하였지만 가능한 한 일반인들이 이해하기 쉽게 용어들을 풀어 쓰고자 노력하였다.

이 책의 부록에는 화성에 관하여 더 깊게 알고자 하는 독자를 위해서 참고문헌, 참고 웹사이트, 탐사 우주선 목록과 성공률, 영문 두문자어(頭文字語, 略語) 풀이, 그리고 인명의 영문 표기, 출생 · 사망 연도, 국적 등을 수록하였다.

끝으로 이 책의 저술을 지원해 준 한국과학기술한림원과 출판을 맡아 준 자유아카데미에 감사를 드린다.

2013년 12월

민영기

차례

머리말 — 4

1. 화성을 향한 인간의 호기심 … 15

· 고대의 육안 관측 … 16
· 초기의 망원경 관측 … 19
· 운하의 발견과 로웰 … 26
· 생명체 관련 물 · 대기 · 표면의 초기 관측 … 35
· 공상과학소설 속의 화성인 … 39

2. 초기의 우주선 탐사 … 45

· 우주선 탐사의 아이디어 … 46
· 소련의 초기 탐사 … 48
· 미국의 초기 탐사 … 51

3. 바이킹호의 연착륙 탐사 … 57

· 바이킹 우주선 … 58
· 바이킹 궤도선 … 59
· 바이킹 착륙선 … 61
· 착륙선의 화성 표면 착륙 … 63
· 화성 표면의 탐사 … 67
· 화성 토양의 분석 … 69
· 화성 생명체의 탐사 실험 … 70

4. 바이킹 이후 2000년까지의 탐사 … 77

· 화성 표면 지도를 작성한 MGS호 … 78
· 마스패스파인더호와 최초의 로버인 소저너호 … 80
· 실패한 탐사선들 … 85

5. 2000년대의 우주선 탐사 … 93

· 얼음을 발견한 마스오디세이호 … 94
· 메테인을 발견한 마스익스프레스호 … 96
· 쌍둥이 로버 스피릿과 오퍼튜니티호 … 99
· 상세한 표면 모습을 밝힌 MRO호 … 105
· 혜성 탐사선 로제타와 돈호의 화성 관측 … 111
· 물을 확인한 피닉스호 … 112
· 첨단 로버인 큐리오시티호 … 116
· 물이 흐른 증거를 발견한 큐리오시티호 … 120
· 큐리오시티호의 토양과 암석 분석 … 123
· 큐리오시티호의 대기 분석 … 130
· 큐리오시티호의 생명체 탐사 … 132
· 큐리오시티호의 향후 탐사 계획 … 135
· 러시아의 포보스-그룬트호와 중국의 잉훠-1호 … 137

6. 밝혀진 화성의 정체 … 139

· 기본 물리량 … 140
· 사막과 같은 모습의 표면 … 141
· 희박한 대기 … 148
· 지구를 닮은 내부 구조와 약한 자기장 … 152
· 불규칙한 모양의 두 개 위성 … 154

7. 화성 생명체의 탐사 … 157

· 생명체란 무엇인가? … 157
· 지구 생명체의 기원 … 160
· 생명체가 살아갈 수 있는 조건 … 168
· 별 주위 생명체 서식 가능 대역, HZ … 171
· 물의 탐사 … 173
· 화성 생명체의 탐사 … 177
· 화성에서 온 운석에서 생명체 흔적 발견 … 186

8. 미래의 화성 탐사와 개발 계획 … 193

· 미래의 무인 탐사 계획 … 194
· 토양 표본 회수 계획 … 197
· 유인 탐사 계획과 탐사 시나리오 … 200
· 유인 탐사의 문제점 … 209
· 유인 탐사를 위한 음식 개발 … 215
· 화성 개발 계획과 화성 식민지 … 218

부록

• 참고 문헌 … 228
• 참고 웹사이트 … 231
• 화성 탐사 우주선 목록 … 232
• 화성 탐사 우주선의 수와 성공률 … 237
• 영문 두문자어(頭文字語, 略語) 풀이 … 238
• 인명 찾아보기(영문표기, 출생~사망 연도, 국적) … 243
• 용어 찾아보기 … 249

Exploration of Mars and Search for Martian Life

1. 화성을 향한 인간의 호기심

지구의 바로 바깥쪽에서 태양을 돌고 있는 화성은 태양계의 여덟 개 행성 중에서 인간이 가장 많은 관심을 쏟아온 행성이다. 붉은색의 화성은 고대 중국에서는 불의 행성으로 알려져 있었고, 바빌로니아에서는 죽음과 질병의 상징으로, 그리고 그리스와 로마에서는 전쟁의 신으로 숭앙되었다. 19세기 후반부터는 화성인의 존재가 부각되면서 화성을 향한 인간의 호기심이 더욱 높아지게 되었다.

고대의 육안 관측

허블 우주망원경으로 본 화성의 모습

육안으로 보이는 화성은 기원전부터 천문학자들의 많은 관심을 끌었다. 당시에 화성을 비롯한 육안으로 관측되는 행성들은 인간사에 큰 영향을 미치는 것으로 생각되어 점성술적인 목적에서 그 움직임을 면밀히 관측하였다.

고대 이집트에서는 화성이 떠돌이별로서 종종 진행 방향과 반대로 움직이는 역행 운동을 하는 것이 알려져 있었으며, 바빌로니아에서는 화성의 위치와 운동에 관한 관측이 조직적으로 이루어졌다. 기원전 365년 아리스토텔레스(Aristoteles)는 화성이 달에 의해서 가려지는 엄폐(掩蔽) 현상을 관측하였으며, 이로부터 그는 화성이 달보다 지구에서 더 먼 거리에 있다는 결론을 얻었다.

중국에는 주나라가 세워지기 전인 기원전 1045년에 화성의 운동과 모습에 관한 기록이 남아 있으며, 기원전 221년 진나라 시대에 화성을 포함한 행성들의 위치가 하늘에서 합쳐지는 합(合)에 관한 기록도 남아 있다. 기원전 375년에는 금성에 의해서 화성이 엄폐되었다는 기록도 있다. 기원전 618년 당나라 시대에는 화성의 궤도 운동과 주기가 상세히 알려졌다.

인도에서는 5세기경 천문학 교과서인 수르야 시단타(Surya Siddhanta)에 화성의 각(角) 크기가 2′(분)이고, 지구로부터의 거리는 1,043만 3,000킬로미터라고 적혀 있다. 이로부터 계산된 화성의 지름은 6,070킬로미터로서 이것은 현재 알려진 지름인 6,788킬로미터의 10% 이내의 오차로 정확한 값이다.

고대 희랍의 히파르코스(Hipparchos)는 별 목록을 만들었으며, 항성은 고정되어 있으나 화성과 같은 행성들은 지구 주위를 돌고 있다고 하였다. 그로부터 약 100년 후 프톨레마이오스(Klaudios Ptolemaeos)는 행성들이 평균 위치 주위를 도는 주전원의 아이디어를 도입하였다. 1507년에는 폴란드의 코페르니쿠스(Nicolaus Copernicus)가 화성의 움직임을 분석하여 지동설을 제안하였다.

최초로 화성의 위치 변화를 관측한 브라헤
(자료 : Wikimedia commons)

비록 육안 관측이었지만 화성을 본격적으로 관측하여 하늘에서의 움직임에 관한 방대한 자료를 남긴 사람은 덴마크의 천문학자 브라헤(Tycho Brahe)였다. 그는 1576년 덴마크의 왕 프리드리히 2세(Frederick II)의 후원으로 벤(Hven) 섬에 천문대를 짓고 화성의 정확한 위치를 관측하였다. 망원경이 발명되기 전이었지만, 브라헤는 육분의(六分儀)를 비롯한 여러 가지 천체의 위치 측정용 기기를 발명하여 화성의 위치 변화를 정확히 기록하였다. 프리드리히 2세의 죽음으로 후원이 끊기자, 브라헤는 1599년 독일 황제 루돌프 2세(Rudolph II)의 후원으로 천문대를 체코 프라하(Prague)로 옮겨 관측을 계속하였다. 1601년 브라헤가 죽은 후 그의 방대한 양의 화성 관측 기록은 조수였던 케플러(Johannes Kepler)에게로 넘어갔다.

케플러는 브라헤의 화성의 운동에 관한 데이터를 수학적으로 분석하여 1609년에 『아스트로노미카 노바(Astronomica Nova)』를 발표하였다. 그는 이 책에서 화성의 궤도는 원이 아니라 이심률이 0.093인 타원이라고 밝혔다. 이 책에서 그는 '케플러의 행성 운동 법칙' 세 가지 중 두 가지를 기술하고 있다. 첫 번째 법칙은 "모든 행성은 태양을 초점으로 하는 타원 궤도를 돈다."라는 것이고, 두 번째 법칙은 "태양과 행성을 잇는 선이 단위 시간에 휩쓴 면적은 일정하다."라는 소위 '면적 속도 일정의 법칙'이다. 이 법칙에 따르면 타원 궤도의 행성이 태양에 가까울 때 속도가 빨라진다는 것이다. 10년 후인 1619년에 발표된 세 번째 법칙은 행성 타원 궤도 지름의 세제곱은 궤도 주기의 제곱에 비례한다는 것이다.

1687년에는 영국의 뉴턴(Isaac Newton)이 『자연철학의 수학적 원리(Philosophiae Naturalis Principia Mathematica)』(줄여서 프린키피아라고도 한다.)에서 '만유인력의 법칙'을 발표하여 케플러가 제안한 행성 운동의 이론적인 근거를 마련해 주었을 뿐만 아니라 천체의 운동을 일으키는 힘의 원천을 밝혀냈다.

이 모든 발견이 망원경이 발명되기 전, 행성 특히 화성의 육안 관측으로 이루어진 일들이다.

초기의 망원경 관측

망원경으로 화성을 최초로 관측한 갈릴레이
(자료 : Wikimedia commons)

케플러가 행성 운동을 발표한 해인 1609년 이탈리아 파두아의 갈릴레이(Galileo Galilei)는 자신이 만든 망원경으로 달 · 목성 · 토성 · 금성 등을 관측하여 여러 가지 새로운 현상들을 발견하였다. 그는 그 다음 해에 처음으로 화성을 망원경으로 관측하였으나, 망원경의 낮은 성능 때문에 어떤 표면 현상도 발견하지 못하였다.

1638년 이탈리아 나폴리의 변호사인 폰타나(Fontana)는 화성의 위상에 따른 모양 변화를 나타내는 현망간 위상(弦望間位相, gibboous phase)을 그려냈고, 1644년 이탈리아의 예수회 신부인 바르톨리(Bartoli)는 화성 원반 아래 부분에 두 개의 무늬를 보았다고 기술하였으나 그림을 그리지는 않았다. 이러한 무늬는 1651과 1653년에 예수회의 대학인 로마 기숙학교(Collegio Romano)의 리치올리(Giovanni Battista Riccioli)와 그의 제자인 그리말디(Grimaldi)에 의해서 화성이 근일점 충(衝)에 있을 때 관측되었다. 충이란 지구에서 볼 때 행성이 궤도상에서 태양 반대쪽에 있을 때를 말하는데, 화성이 근일점 충에 있으면 지구와는 가장 가깝기 때문에 이때 많은 관측이 이루어진다.

최초로 화성 표면을 기록한 사람은 네덜란드의 천문학자이면서 렌즈 전문가인 하위헌스(Christiaan Huygens)였다. 그는 1659년 11월 화성이 충의 위치에 있을 때 현재 시르티스 메이저 평원(Syrtis Major Planum)으로 알려진 평원에서 어두운 표면 무늬를 발견하고 V자 모양의 무늬를 그려냈다. 그는 화성을 여러 날 관측한 결과, 이 무늬가 움직여서 다시 제자리로 돌아오는 현상을 알아내고 "화성도 지구와 같이 자전하고 그 주기는 24시간이다."라고 기록하였다. 그는 화성의 남북극에 있는 흰 무늬의 극관(極冠) 중 하나도 관측하였던 것으로 보인다.

남쪽 극관을 최초로 언급한 사람은 1666년 이탈리아의 천문학자 카시니(Giovanni Cassini)였다. 그는 희미한 남극관을 관측하였지만 그것이 무엇인지에 관해서는 언급하지 않았다. 그는 같은 해 화성이 충의 위치에 있을 때 화성 표면의 변화를 그려냈고, 이로부터 화성의 자전 주기가 24시간 40분임을 알아냈다. 이것은 실제 값과 3분 이내의 오차 범위이다. 카시니는 1671년 파리 천문대의 대장이 되었고, 하위헌스도 이 천문대로 옮겨서 고배율의 새로운 굴절망원경을 제작하여 합동으로 행성을 관측하였다. 이들은 최초로 화성의 시차(視差) 값을 이용해서 지구와 태양으로부터 화성까지의 거리를 구하였다. 1672년에는 하위헌스가 흐릿한 북극관을 최초로 찾아냈다.

카시니의 조카인 프랑스-이탈리아인 천문학자 마랄디(Jacques Maraldi)는 1672년 화성이 근일점 충에 있을 때 집중적으로 관찰한 결과, 화성에 빛을 반사해 밝게 보이는 무늬들은 폭풍을 포함한 대기 구름이라고 발표하였다. 그는 1704년 또 다른 근일점 충에 있을 때 남극관을 체계적으로 관측하여 이것이 회전축에 대칭으로 있지 않기 때문에 화성의 자전에 따라 모양이 변한다는 사실을 알아냈다. 또한 극관의 크기가 시간에 따라 변하는 것도 관측하였고, 1719년에는 특히 화성이 지구와 가까운 충에 있을 때 한동안 사라지는 것도 목격하였다.

독일-프랑스의 성공적인 음악가였던 허셜(William Herschel)은 영국 배스(Bath)에 있는 옥타곤 교회(Octagon Chapel)에 오르간 연주자였지만 그의 관심은 천문학이었다. 그는 1774년 지름 15센티미터, 초점거리 183센티미터의 당시로서는 고성능의 망원경을 만든 후 천왕성을 발견하였다. 이 발견 이후 그는 영국 왕으로부터 작위를 받고 천문학 연구에 전념하게 되었다.

허셜은 1777년부터 여러 종류의 반사망원경을 사용하여 화성을 관측하기 시작하였으며, 1781년 화성이 근일점 충에 왔을 때 남극관과 북극관이 축 중심에 놓이지 않았다는 마랄디의 발견을 확인하였다. 1784년에는 남극관이 훨씬 작아졌는데, 이처럼 극관들이 계절에 따라 변하는 이유는 극관이 얼음으로 이루어져 있기 때문이라고 발표하였다. 그는 어두운 무늬의 움직임을 여러 날 관찰하여 화성의 자전 주기가 24시간 39분 21.67초임을 계산하고, 이 행성의 자

화성의 자전 주기를 알아낸 허셜(자료 : Wikimedia commons)

전축 기울기를 대략 28.5°로 측정하였다. 그는 "화성이 별의 전면을 통과할 때 별빛의 강도가 빠르게 감소하는 것으로 보아 화성이 옅은 대기를 가지고 있고 그곳의 거주자는 지구와 비슷한 환경에서 살아갈 것이다."라고 하였다. 그는 또한 왕립학회의 한 논문에서 "나는 부분적으로 밝은 띠가 종종 변하는 것과 고위도에서 어두운 부분을 보았는데, 이는 구름과 수증기 양의 변화에서 기인하는 것 외에는 설명할 방법이 없다."라고 기술하고 있다.

1796년과 1809년 사이에 프랑스의 천문학자 플로제르그(Honoré Flaugergues)는 어두운 '황토 색깔의 베일'이 표면을 덮고 있는 것을 보았다고 하였는데, 이것은 화성의 노란색 구름 또는 폭풍을 관측한 최초의 보고이다.

19세기 초 망원경의 대형화와 광학의 발달로 관측 능력이 획기적으로 높아졌다. 특히 독일의 광학자 프라운호퍼(Joseph Fraunhofer)가 개발한 색지움렌즈는 영상의 바깥쪽을 변형시키는 광학적 효과인 코마(coma)를 없애주어 영상의 질을 높여주었다.

한편, 어릴 때부터 수학의 천재로 알려졌던 메들러(Johann Mädler)는 독일 베를린 대학의 유명한 천문학자였던 보데(Johann Bode)와 엥케(Johann Encke)의 제자가 된 후 1824년에 9.5센티미터의 프라운호퍼 색지움렌즈를 갖춘 사설 천문대를 세웠다. 이후 비어(Wilhelm Beer)와 손을 잡고 달 관측에 나섰다. 1830년 이들은 화성의 반사능(albedo)의 변화에 주목하고 표면 무늬의 정확한 그림을 많이 그려냈다. 그들은 표면 무늬의 대부분이 표면의 영구적인 현상임을 결론짓고, 이 그림들로부터 자전 주기를 24시간 37분 24초로 측정하였다. 이들은 반사능 측정으로부터 활동적인 기상 현상을 일으키기에는 화성의 대기가 너무 희박하다는 결론을 내렸으며, 10년간 그린 지도 그림들을 1840년에 발간하였다.

1845년 화성이 근일점 충에 왔을 때 미국 신시내티 천문대의 미첼(Ormsby Mitchel)은 구경 30센티미터 굴절경으로 미국에서는 최초로 화성을 관측하였다. 그는 봄에는 남극관 주위의 얼음이 녹아서 남극관이 줄어들지만, 극관 가장자리에 있는 좁은 줄은 녹지 않고 거의 한 달 정도 그대로 남아 있는 것을 스케치하였다. 그는 이것이 지대가 높기 때문이라고 생각하였고, 이것은 현재까지도 '미첼 산'으로 알려져 있다. 이 산맥의 낮은 언덕에서는 눈이 녹지만 정상에서는 녹지 않고 그냥 남아 있는 것으로 보인다.

영국의 루(Warren De la Rue)는 1856년 지름 33센티미터 망원경으로 남극관의 더 상세한 모습을 기록하였다. 1858년 충 때에는 가톨릭 예수회의 콜레지오 로마노 천문대의 세치(Pietro Secchi) 신부가 24센티미터 굴절경으로 후에 '백색 구름'으로 알려진 수명이 짧은 현상을 최초로 관측하였다. 네덜란드 라이덴 천문대의 카이저(Frederik Kaiser) 대장은 1862년 충 때 화성 표면 지도를 만들고, 이로부터 화성의 자전 주기를 24시간 37분 22.62초로 더 정확하게 구하였다.

1867년 영국의 천문학자 프록터(Richard Proctor)는 같은 영국의 천문학자 도우스(William Dawes)가 1864년에 그린 그림을 기초로 하여 더 상세한 화성 지도를 만들었다. 프록터는 화성 표면의 여러 밝고 어두운 무늬에 과거와 당시에 화성 관측을 한 천문학자의 이름을 붙였다. 1862년 다른 세계의 생명체 존재를 확신하고 있던 파리 천문대의 플라마리옹(Nicolas Flammarion)은 『다른 세계의 주민(The Inhabitants of Other Worlds)』을, 그리고 1868년에는 『사람이 사는 세계의 다수(La pluralité des mondes habités)』라는 책들을 출간하였고, 1871년 충 때 화성을 관측하기

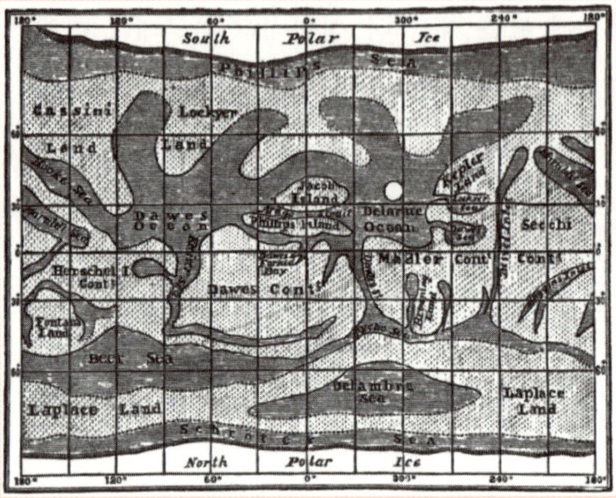

프록터의 화성 표면 지도

시작하였다. 1883년에는 파리 근처에 23센티미터 굴절경을 갖춘 천문대를 세우고 화성 관측을 계속하였다. 또한 1892년에는 『행성 화성과 생명체 서식조건(La Planéte Mars et ses conditions d'habitabilité)』, 1893년에는 『행성 화성(La planéte Mars)』이라는 책을 연속적으로 발간하였다. 그는 이 책들에서 '황토색(ochre)' 영역은 화성에만 존재하는 식물 종이 살고 있기 때문이라고 주장하였으며, "왜 화성 식물이 녹색이 아닌가?", "왜 그래야만 하는가?" 하고 의문을 제기하였다. "엽록소는 녹색과 노란색의 두 개 성분으로 이루어져 있는데, 화성에서는 노란색 엽록소만이 존재할 수도 있고 이것이 주도적일 수도 있다."라고 앞서 나갔다. 이러한 아이디어는 후에 과학소설가 웰스가 그의 소설에서 이용하기도 하였다.

독일 라이프치히 대학의 젤너(Johann Zöllner)는 1864년 측광기를 개발하여 화성이 태양 빛을 반사하는 능력인 반사능을 0.27로 측정하였다. 1877~1893년에는 독일의 뮬러(Gustv Müller)와 켐프(Paul Kempf)가 젤너의 측광기로 각에 따라 반사력이 변하는 위상계수(phase coefficient)를 적은 양이지만 발견하였다. 이것은 화성 표면이 비교적 굴곡지거나 크게 불규칙하지 않음을 나타낸다.

영국의 허긴스(William Huggins)는 1867년 자신의 20센티미터 굴절경에 분광기를 부착해서 화성이 반사하는 태양광을 분광 관측하여 화성 대기의 성분을 알아냈으며, 화성의 광학 스펙트럼에서 물의 흡수선을 찾아냈다. 그는 똑같이 태양 빛을 반사하는 달의 스펙트럼에는 물의 흡수선이 없는 것으로부터 화성 대기에 물 성분이 있다고 믿었다. 같은 해 프랑스의 얀센(Pierre Janssen)도 시실리 섬 에트나 산 3킬로미터 정상에 분광기를 단 망원경을 설치하고 화성 스펙트럼을 관측하여 화성 대기에 수증기가 풍부하다는 결론을 얻었다. 이러한 결론은 1872년 독일의 보겔(Herman Vogel)과 1875년 영국의 마운더(Edward Maunder)도 확인하였다. 그러나 후에 이것이 달과 화성의 관측 시차에 따른 지구 대기의 영향 때문일 수 있다는 의문이 제기되었다.

1877년에 영국의 길(David Gill)은 화성과 지구의 상대적인 크기로부터 지구와 태양 사이의 거리를 더 정확히 결정하였다. 같은 해 미국의 홀(Asaph Hall)은 미국 해군천문대에서 66센티미터 망원경을 사용하여 두 개의 화성 위성을 발견하고, 이 위성들을 각각 포보스(Phobos)와 데이모스(Deimos)라고 이름 붙였다.

운하의 발견과 로웰

이탈리아의 스키아파렐리(Giovanni Schiaparelli)는 1854년에 튜린 대학을 졸업한 후 독일의 엥케와 러시아의 스트루브(F. G. W. Struve) 밑에서 공부하였다. 1860년 이탈리아로 귀환한 후 밀란의 브레라(Brera) 천문대에 들어가서 1862년에 대장이 되었다.

화성의 카날리를 발견한 스키아파렐리
(자료 : Wikimedia commons)

1877년에는 화성이 지구와 가장 가까워지는 근일점 충에 왔을 때 22 센티미터 망원경으로 화성 표면의 정교한 지도를 최초로 만들었는데, 그는 이때 이전의 지도와는 달리 어두운 영역의 경계를 희미하게 처리하지 않고 분명하게 표현하였다. 또한 1888년에는 화성 전체의 표면 지도를 완성하였다. 그의 지도에는 특히 여러 개의 폭이 좁은 선들이 눈에 띄는데, 그는 이것을 '수로'라는 뜻을 가진 '카날리(canali)'라고 이름 붙였다. 이 말은 영어로 'canals', 즉 운하로 일반인들에게 잘못 번역되었다. 그는 "카날리는 바다로 불리는 어두운 영역에 여러 개가 뻗어 있는데, 표면의 밝은 부분으로 뚜렷한 연결망을 형성하고 있다. 그 모습은 일정하고 영구적인 것 같아 보인다. 꾸불꾸불한 지구의 하천과는 달리 카날리들은 규칙적인 선으로 길게 화성을 가로지른다. 총 수는 60개 이상으로 길이가 500킬로미터 이하의 짧은 것들도 있지만 수천 킬로미터의 긴 것들도 있다."라고 기술하였다. 또한 그는 "일부 선들은 쉽게 알아볼 수 있지만, 어떤 것은 화성 표면 원반에 쳐 놓은 가는 거미줄 같아서 식별하기가 아주 어렵다."라고 설명하였으며, 카날리들이 인공적이라고 주장하지는 않았다.

1879년 화성이 다시 충에 왔을 때 스키아파렐리는 다시 카날리를 확인하고 "가장 뚜렷한 것은 거리가 짧고 분리된 평행선을 이루고 있다."라고 발표하였다. 1886년에는 프랑스의 페로틴(Henri Perrotin)과 그의 조수 톨론(Louis Thollon)이 당시 가장 큰 망원경의 하나였던 니스 천문대의 38센티미터 굴절경으로 카날리를 독립적으로 확인하였다.

1895년 영국의 마운더는 이러한 선형 무늬가 여러 개 더 작은 것들을 합쳐 놓

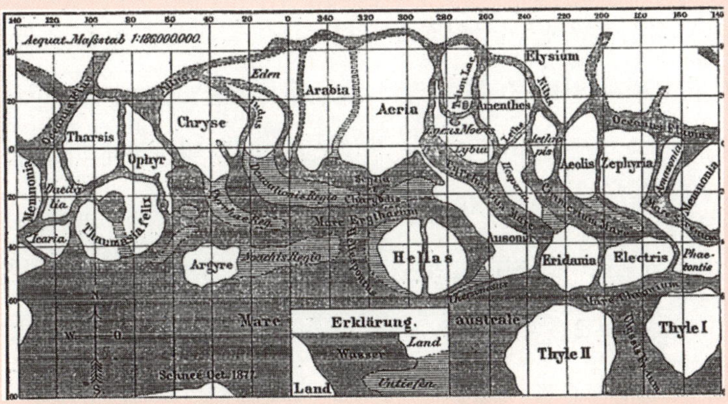

| 스키아파렐리의 화성 표면 지도

은 것이라고 하였고, 그 다음 해에 영국의 데닝(William Denning)은 선형 무늬가 불규칙적이고, 집중되어 있기도 하고 끊기기도 한다고 발표하였다.

화성에 운하가 존재한다는 사실이 천문학자가 아닌 일반인에게 널리 알려지게 된 것은 미국의 천문학자 로웰(Percival Lowell)에 의해서이다. 그는 한국과도 깊은 인연을 가진 외교관이면서 천문학자로, 구한말에 미국 외교관으로 한국에 한때 머물렀고, 후에 한국에 관한 책을 써서 미국에 한국을 소개하기도 하였다. 미국 보스턴의 명문 가문인 로웰 가에서 1855년에 태어난 로웰은 1876년 하버드대학에서 수학을 전공하였으며, 졸업과 동시에 가족 비즈니스의 매니저로 임명되었다. 그는 1880년 극동 지역을 널리 여행하고, 1883년 5월 일본에서 조선의 미국 수호통상사절단을 만나게 되며, 주일 미국공사의 요청으로 조선 보빙사(報聘使)들을 미국으로 인도하는 임무를 맡게 된다. 로웰은 1883년 8월 18일 미국으로 떠나서 9명의 조미수호통상사절단을 보좌하여 이들이 당시 미국의 대통령을 만난 후 여러 도시를 방문하고 같은 해 11월 14일 다시 일본으로 돌아올 때까지 수행하였다. 당시 로웰은 뉴욕타임스에 한국과 한글의 우수성을 소개하기도 하였다. 그 후 보빙사 일행 중 한 사람이 로웰의 노고를 고종에게 보고하였고, 고종은 그를 국빈으로 초대하여 그해 12월 20일 조선을 방문하게 되었다.

로웰은 조선에 약 3개월간 머물면서 여러 계층의 인사들과 교류하고 고종도 직접 만났던 것으로 여겨진다. 그는 조선의 풍속과 문화 등을 백과사전 형식으로 자세히 기록해서 2년 뒤인 1886년에 25장의 사진과 함께 『조선: 아침의 고요한 땅(Chosön: The Land of Morning Calm)』이라는 책을 발간하였다. 이 책에 실린 사진들 중에는 고종의 어진(御眞)도 포함되어 있다. 일본에 머물던 로웰은 1884년 조

화성 운하를 주장한 로웰
(자료 : Wikimedia commons)

1883년 로웰과 조선 보빙사 일행

선에서 홍영식 등이 갑신정변을 일으켰다는 소식을 듣고 갑신정변의 내용을 상세히 기록한 「조선의 쿠데타(A Korean Coup d'Etat)」라는 보고서를 작성하여 1886년에 평론지 「애틀랜틱 먼슬리(Atlantic Monthly)」 11월호에 게재하기도 하였다.

그는 미국 외교관으로 일본에 오랫동안 머물면서 일본과 극동에 관한 책으로 1891년에 『Notto』, 1894년에 『신비로운 일본(Occult Japan)』, 1888년에 『극동의 혼(The Soul of the Far East)』 등 여러 권을 출간하였다.

대학에서 수학을 전공하였던 로웰은 천문학에 대단한 열정을 가지고 있었는데, 1893년 플라마리옹(Camille Flammarion)의 책 『행성 화성과 생명체 서식조건』을 읽고 화성, 특히 화성의 운하 시스템에 매료되었다. 그는 미국의 천문학자 피커링(William Pickering)과 교류하면서 1894년 화성이 근일점 충에 왔을 때 '화성 생명체가 존재할 조건'을 조사하기 위해서 그 자신의 천문대를 세울 것을 결심하였다. 그는 연중 경치가 매우 좋은 미국 애리조나 주의 작은 철도 마을인 프래그스태프의 2,190미터 고원을 천문대 건설 장소로 정하였으며, 그곳에 46센티미터 굴절경을 건설하고 1894년 4월부터 관측을 시작하였다. 그리고 로웰과 피커링은 그해 5월부터 다음 해 4월까지 거의 매일 밤 화성을 관측하여 1,000개 정도의 그림을 만들었다. 로웰은 "카날리는 시간, 날짜, 달에 관계없이 항상 보인다."라고 하였다. 그는 스키아파렐리가 본 것보다 더 많은 카날리를 보았다. 카날리들이 교차하는 어두운 영역이 바다가 아님을 인정한 로웰은 "화성이 제2의 지구는 아니다."라고 하고, 화성을 거의 모든 물이 극관에 얼어붙은 건조한 세계로 보았다. 그는 카날리를 '식물의 띠(swath of vegetation)'라고 하였고, 지각의 균열로 형성되었다는 아이디어는 받아들이지 않았으며, 카날리가 어떤 목적을 가지고 만들어진 것이라고 생각하였다.

1894년 로웰은 남극관이 줄어들면서 넓고 푸른 띠가 형성되는 것을 관측하였는데, 영국의 란야드(Cowper Ranyard)와 스토니(George Stoney)는 이것이 얼어붙은 이산화탄소의 서리라고 주장하였다. 그러나 로웰은 1기압 정도의 기압에서 이산화탄소는 고체에서 가스 상태로 직접 바뀌는 반면, 물은 액체 상태를 거친다는 이유로 이것이 물이라고 믿었다.

로웰은 1895년 발간된 『화성(Mars)』이라는 책에서 "첫째, 이 행성의 물리적인 조건이 어떤 종류의 생명체에게는 부정적이지 않을 것이다. 둘째, 화성 표면에는 물이 부족해 보이는데 만약 지능을 가진 생명체가 있다면 생명을 유지하기 위해서 관개 사업을 벌여 화성 표면 전체를 덮는 관개 시스템 망이 존재할 것이

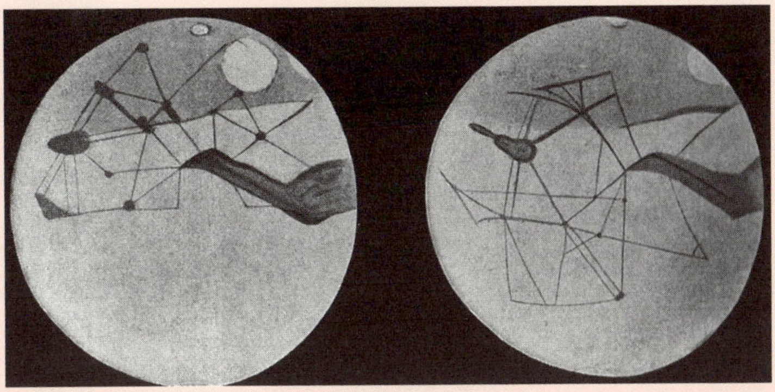

| 로웰의 운하 지도

다. 마지막으로 오아시스와 같이 인공적으로 식물을 기르는 장소를 발견할 수 있을 것이라는 이유로 화성인이 존재하며, 그들은 카날리가 교차하는 황토 영역의 어두운 지역에 거주할 것이다."라고 주장하였다.

로웰은 1896년 46센티미터 망원경을 이보다 큰 61센티미터 클라크(Clark) 굴절경으로 바꾸어서 충일 때의 화성을 계속해서 관측하여 1906년 『화성과 그 운하(Mars and Its Canals)』라는 과감한 제목의 책을 출간하였다. 그는 이 책에서 이 행성의 거주자들에 관한 더 완벽한 모습을 그려냈다. 그는 "화성에서는 사막화가 빠르게 진행되고 있고 유일하게 남은 수원(水源)은 극관이다. 화성인들은 그들의 문명을 유지하기 위해서 극관의 녹은 물을 적도 지역으로 끌어오기 위해 운하를 팠다. 운하 네트워크가 행성 전체 규모인 점으로 보아 화성은 통일된 사회로 보인다. 화성 전체를 아우르고 극에서 극으로 뻗어 있는 화성의 운하 시스템은 조직화된 실존체이다. 화성 표면 전체에서 운하는 다른 운하와 합쳐지고 그것은 다시 제3, 제4의 것과 연결된다. 이러한 연속성은 화성 전체를 하나의 단위로 묶는 공동체를 형성한다. 멸종 위기에 처한 화성인들에게 전쟁은 남의 일일 것이다. 화성인들이 운하를 생각하게 된 것은 당시 지구에서 일어난 일에 영향을 받았을 것이다. 지구에서 운하는 최신식의 운송 시스템 방법이다. 1869년에 수에즈 운하가 완성되었고, 파나마 운하는 건설 중에 있다. 우리보다 더 앞섰고 의욕이 넘치는 화성인들은 화성 전체 규모의 운하망을 건설할 수 있었을 것이다."라고 기술하였다.

1908년 로웰은 화성의 운하와 화성의 문명체에 관한 그의 생각을 총 정리한 『생명체가 서식하는 화성(Mars As the Abode of Life)』이라는 제목의 책을 출간하였는데, 화성에 어떻게 생명체가 서식하게 되었고, 자신이 화성에 왜 생명체가 있어야 한다는 생각을 하게 되었는가를 상세하게 기록하고 있다. 또한 "화성이 크기가 작으므로 지구보다 더 빠르게 나이를 먹고 그 결과 지구가 현재 겪는 과정을 오래전에 겪었으며, 다른 재난으로 큰 변화가 일어나지 않는 한, 지구가 앞으로 겪어야 할 진화 과정을 겪고 있다. 좀 더 상세히 설명하면 초기 질량이 다른 어느 두 개의 행성도 서로의 진화 관정을 반복하지는 않지만 일종의 같은 길을 간다."라고 하였다.

로웰의 저서 『생명체가 서식하는 화성』

1901년에는 로웰의 조수였던 더글라스(Andrew Douglass)가 화성 운하의 사진 촬영을 시도하였으며, 1905년에 이 노력이 성공해서 램프랜드(Carl Lampland)가 운하의 사진을 출판하였다.

이와 같은 화성 운하설이 널리 받아들여지기는 하였지만 당시의 모든 천문학자들이 로웰의 주장에 동의하였던 것은 아니다. 1877년 영국의 프랫(Henry Pratt)은 15센티미터 망원경으로 화성을 관측해서 왕립천문학회(Royal Astronomical Society)에 보고한 보고서에서 "시상(seeing)이 좋을 때 보면 구조가 복잡하고 섬세해서 연필로 그려낼 수 없다. 넓고 희미한 줄로 보이는 것이 아주 섬세한 무늬의 밝은 부분을 둘러싼 여러 개의 분리된 명암으로 분간될 수 있다."라고 보고하였다.

1892년 미국의 영(Charles Young)은 프린스턴 대학 할스테드(Halsted) 천문대의 23센티미터 굴절경으로 봤을 때 운하처럼 보이는 것들이 58센티미터 클락 굴절경에는 환영(幻影)인 것으로 나타났다고 지적하였다. 같은 해 미국의 바너드(Edward Barnard)는 "화성에는 직선이 전혀 없다. 카날리들은 불규칙적이고 끊어져 있다."라고 말하였다. 이탈리아의 체룰리(Vincenzo Cerulli)는 1897년 39센티미터 굴절경으로 2년간 화성을 관측하였다. 그는 "화성의 카날리는 실제로 존재하는 것이 아니고 단지 광학적 착시 현상"이라고 발표하였으며, 배율이 낮은 오페라용 망원경으로 본 달에도 뚜렷한 구조가 없는 카날리를 닮은 선들이 보인다고 하였다. 1903년 영국의 마운더는 스키아파렐리가 관측한 가는 직선은 그의 망원경이 분간할 수 있는 능력 너머의 작은 무늬들이 합쳐져서 보인 결과라고 해석하였다.

그리스 출신으로 프랑스 무동(Meudon) 천문대에서 활동한 천문학자인 안토니아디(Eugene Antoniadi)는 1909년 화성이 근일점 충에 왔을 때 당시 유럽에서 가장 큰 무동 천문대의 84센티미터 망원경으로 화성을 관측하였다. 그 결과 많은 수의 가늘거나 퍼진 자연적이고 불규칙한 선들을 보았는데, 이것은 스키아파렐리가 관측한 운하의 네트워크로서 광학적인 환상으로 생긴 상에 불과하다고 설명하였다. 그는 그것이 전적으로 자연적인 현상인 것으로 믿었다.

미국 윌슨 산 천문대의 대장이었던 헤일(George Hale)도 이와 비슷한 결론을 얻었다. 영국의 자연주의자이면서 생물학자인 다윈(Charles Darwin)의 자연선택 지지자인 월리스(Alfred Wallace)는 1902년 『우주에서 인간의 장소(Man′s Place in the Universe)』라는 책에서 화성은 생물이 살기에 적당하지 않다고 하였으며, 1907년에는 로웰의 『화성과 그 운하』를 읽고 너무 놀란 나머지 이 책의 내용을 반박하는 책인 『화성은 살기에 적당한가?(Is Mars Habitable?)』를 출간하였다. 월리스는 이 책에서 "화성은 온도가 낮아서 영하일 것이며, 따라서 물이 개방된 수로를 흐르지 못할 것이다. 모든 물리학자들은 태양으로부터의 거리 때문에 화성의 기압이 지구와 같다면 화성의 평균 온도가 -37℃로 낮다는 사실에 동의하고 있다. 화성은 동물이 살기에 부적절하고 로웰이 생각하는 것 같은 지능 생물뿐만 아니라 어떤 동물도 살아가기에 부적절하다."라고 결론짓고 있다.

로웰은 1916년에 사망하였는데, 사람들은 화성에 지능을 가진 생명체가 산다는 그의 주장에 많은 흥미를 보였지만 과학계에서는 그를 괴짜로 생각하였다.

생명체 관련 물 · 대기 · 표면의 초기 관측

화성에서 운하가 관측되고 화성인의 존재가 관심 대상으로 떠오르면서 생명체가 존재하려면 반드시 있어야 하는 물과 대기, 특히 대기 중의 산소, 그리고 생명체 그 자체를 관측하려는 노력이 활발하게 이루어졌다. 특히 화성 표면에서는 어두운 색깔의 무늬가 관측되었는데 이것이 식물의 존재를 나타내는 것이라는 주장이 나와 천문학자들 사이에서 뜨거운 논쟁이 되었다.

화성에서 물의 존재를 확인하기 위한 관측을 최초로 시도한 사람은 미국 릭(Lick) 천문대의 캠벨(William Campbell)이었다. 그는 1894년 당시 새로 개발된 분광기를 사용해서 화성의 스펙트럼을 얻었지만, 그것이 달의 스펙트럼과 같은 것으로 보여서 화성에는 물이 없다고 발표하였다. 반면, 그 다음 해인 1895년에 독일 라이프치히 천문대의 보겔이 사진 스펙트럼을 얻고 화성은 수분이 많은 지구 대기와 구성비가 다르지 않다고 발표하였다. 이 결과는 1925년 미국의 아담스(Walter Adams)에 의해서 확인되기도 하였다.

1908년에는 미국의 슬라이퍼(Vesto Slipher)가 애리조나 주 프래그스태프에서 공기가 아주 건조할 때 달과 화성의 스펙트럼을 비교하여 화성의 흡수선이 약간 강하다고 결론지었다. 이것은 화성의 대기에 수분이 있다는 것을 의미한다. 그러나 캠벨은 필름이 근적외선에 감도가 낮은 점을 들어 이 결과를 신뢰하기 힘들다고 지적하였다.

캠벨은 1909년 지구 대기의 수증기 대부분이 있는 고도보다 높은 곳으로 캘리포니아에서 고도가 가장 높은 4,400미터 휘트니 산 정상을 선택한 후 오차를 줄이기 위해서 달과 화성이 가까이 있을 때 스펙트럼을 채취해서 비교하였다. 그러나 화성의 대기에서 수증기의 징조를 발견하지는 못하였다. 그러나 로웰은 캠벨이 작은 기기를 사용하였고 스펙트럼의 분산도가 낮았다는 점을 들어 그의 결과를 믿지 않았다. 다음 해에 캠벨은 미국 릭 천문대에서 더 높은 분산(分散) 스펙트럼을 얻었으나 화성 대기에 산소와 물의 징후는 없었다.

이로부터 한참 후인 1949년 미국의 카이퍼(Gerald Kuiper), 그리고 1957년 키스(Kies)와 콜리스(Korliss)도 분광기를 통해서 화성 대기 중 물의 징후를 발견하려고 하였으나 모두 실패하였다. 1963년에는 스핀래드(Hyron Spinrad)와 리처드슨(Robert Richardson)이 캐나다의 빅토리아에 있는 121센티미터 반사경으로 관측하였으나 부정적인 결과를 얻었다고 보고하였다.

그러다가 마침내 파리 천문대의 돌퓌스(Audouin Dollfus)가 1963년 스위스 알프스의 융푸라우 요흐(Jungfraujoch) 천문대에서 3만 미터 높이에 있는 특수 분광기로 화성 대기에서 겨우 측정될 정도의 수분과 산소를 검출하였다. 그러나 그가 검출한 화성 물의 흡수 스펙트럼은 강한 지구 대기의 물 흡수선 어깨에 보이는 극히 작은 흡수선에 불과하였다. 이것을 분석하여 구한 화성 대기의 물이 비로 내린다면 14마이크로미터, 즉 1미터의 1,400만 분의 1에 해당하는 적은 양이다. 화성은 건조한 지구의 사막보다 더 건조한 것으로 나타났다. 1969년 미국의 털(Robert Tull)도 텍사스에 있는 맥도널드 천문대의 272센티미터 망원경을 사용하여 비록 약하기는 하지만 화성의 스펙트럼에서 물의 흡수선을 관측하였다.

미국의 애덤스와 던햄(Theodore Dunham)은 1933년 윌슨 산의 254센티미터 후커 망원경으로 화성의 대기를 관측하였다. 이들은 화성의 대기 중 산소는 지구 대기 1%의 10분의 1보다 적다고 하였다. 산소가 아주 없다는 것은 아니고 탐지할 만한 양은 아니라는 것이다. 미국 프린스턴 대학의 윌트(Rupert Wildt)는 "황토는 강력하게 산화된 모래로서 그 속의 철은 모두 산화철의 형태로 존재한다."라고 하였다. 즉 화성은 녹슬었다는 것이다. 1935년 러셀(Henry Russell)은 "만일 윌트의 말이 맞다면 화성의 대기에는 상당량의 산소가 있었고 산소가 반응해서 줄어드는 것을 지구에서와 같이 식물이 보충해 주었다."라고 하였다. 화성은 현재 불모지이지만 녹슬 수 있다는 것은 한때 생명체가 있었다는 이야기이다. 즉 화성은 지구보다 작기 때문에 일찍 식었고 빠르게 진화하였다는 것이다.

1939년 프랑스 르 후가(Le Houga) 천문대의 드 보끌레르(Gerard de Vaucouleurs)가 화성 표면의 기압을 93hPa로 구한 이후 여러 사람이 이를 구하였는데, 그 값은 대략 지구 표면 기압의 10분의 1 정도였다. 1947년 미국의 카이퍼는 미국 텍사스에 있는 맥도널드 천문대의 208센티미터 반사경을 통해 최초로 화성 대기에서 이산화탄소를 스펙트럼으로 탐지하였다. 화성 이산화탄소의 표면 압력은 2hPa이었다. 그는 "극관은 이산화탄소가 아니라 대부분이 물의 서리"라고 보고하였다. 1963년 미국의 스핀래드 등은 화성의 전체 기압은 25hPa이라고 발표하였다. 그중 4hPa은 이산화탄소이고 나머지는 주로 질소일 것이라고 가정하였다. 질소는 적외선 스펙트럼선이 없어서 관측이 되지 않는다.

화성 표면에 보이는 어두운 영역을 놓고도 해석이 분분하였다. 잎에 들어 있는 엽록소는 붉은색과 푸른색을 흡수하고 녹색과 노란색을 반사하므로 어두운 영역이 엽록소 때문이라는 주장도 나왔다. 1918년 러시아의 티코프(G. A. Tikhoff)는 화성의 어두운 영역에서 엽록소의 분광학적 흡수띠의 증거를 찾았으나 발견하지는 못하였다. 1924년에는 슬라이퍼가 엽록소가 근적외선을 강력하게 반사하는 것을 이용하여 관측을 시도하였으나 실패하였다. 그러나 이것은 엽록소가 없어서가 아니라 화성이 지구의 반에 불과한 태양빛을 받기 때문에 더 광범위한 파장의 빛을 흡수해서 근적외선을 반사하지 않을 것이라는 해석도 나왔다. 생명체에 기반을 둔 설명을 하려는 사람들은 일종의 어두운 선인장이나 이끼를 제안하기도 하였다.

1952년 외픽(Ernst Öpik)은 "어두운 모습은 식물 때문에 생긴 것이어야 한다. 그렇지 않으면 표면 전체가 먼지폭풍에 의해서 황토색으로 만들어져야 하지만 먼지를 뚫고 올라오는 식물이 봄에는 다시 어두운 색깔을 띠게 할 수 있다."라고 하였다. 1954년 독일 태생의 미국 생물학자인 스트루골드(Huberous Strughold)는 "화성 표면에서는 이끼만 살아남을 수 있는 것으로 보인다."라고 하였다.

1956년 미국 하버드대학 천문대의 신턴(William Sinton)은 화성 적외선 스펙트럼에서 3.5마이크로미터 파장 근처의 흐린 흡수선은 아세트알데하이드(acetaldehyde), 어쩌면 더 나아가서 엽록소에 의해서 생긴 것이라고 제안하였다. 1960년 당시 세계에서 가장 큰 미국 팔로마 산의 구경 5미터 망원경으로 획득한 화성 스펙트럼에는 이것들이 어두운 영역에서만 나타났다.

비생물학적인 가능성이 제안되기도 하였다. 스웨덴의 화학자 아레니우스(Svante Arrhenius)는 1918년 화성 토양에 있을 수 있는 어떤 물질은 극관에서 계절에 따라 방출되는 수분을 흡수하면 색깔이 변한다는 점을 지적하였다. 1954년 미국의 맥로플린(Dean McLaughlin)은 활동 중인 화산에서 방출된 떠도는 화산재일 수 있다고 하였고, 1957년 미국의 카이퍼는 바람에 날리는 먼지일 수 있다고 제안하였다.

화성 표면의 온도를 최초로 측정한 사람은 1924년에 미국의 페티트(E. Pettit)와 니콜슨(S. B. Nicholson)으로, 이들은 1924년 당시에 세계에서 제일 큰 미국 윌슨 산 천문대의 254센티미터 후커 반사경을 사용하여 화성의 온도는 한여름 적도에서 약 20℃인 것을 알아냈다. 1926년 미국 로웰 천문대의 코블렌츠(W.W. Coblentz)와 램플랜드(C. O. Lampland)는 어두운 영역이 황토 영역보다 10℃가 높다는 것을 알아냈다. 또 화성은 자정경에 온도가 -75～-100℃까지 내려가는 것으로 추정되었다. 이렇게 기온이 빠르게 떨어지는 것은 대기가 아주 희박함을 의미한다. 어두운 영역이 식물 때문이라면 그것들은 극히 어려운 시련을 겪어야 할 것이다.

이렇듯 초기의 망원경 관측으로 일었던 논란은 1960년대 초반부터 이루어진 탐사선에 의한 직접 탐사로 대부분 가라앉게 되었다.

공상과학소설 속의 화성인

화성에서 운하가 발견되었다는 소문이 널리 퍼지면서 20세기 초부터 화성의 거주자인 화성인이 전 세계적으로 관심의 대상이 되었고, 공상과학소설에서도 인기 있는 소재로 다루어지고 있다. 지능을 가진 화성인을 일반에게 처음으로 소개한 사람은 로웰이다. 로웰은 화성인들이 물의 관개를 위해서 운하를 팠다고 생각하였다. 월리스 등이 화성에는 동물이 살아가기에 부적절하다고 주장하였음에도 불구하고 화성인은 20세기 들어 대중에게 익숙하게 되었다.

일반인들이 화성에 관심을 갖게 된 것은 1898년 웰스가 쓴 과학소설 『우주전쟁(The War of the Worlds)』에 의해서이다. 화성인의 침공과 화성인 지배하의 지구 등 두 개의 부분으로 이루어진 이 소설은 로웰의 화성 운하를 일반에게 알리고 화성인의 존재를 의식하게 하는 데 크게 기여하였다. 나오자마자 즉각 베스트셀러가 된 이 소설은 인류와 외계인과의 충돌을 소재로 한 최초의 소설이다.

이 소설의 내용은 다음과 같다. 어느 날 화성 표면에서 폭발이 관측된 밝은 빛을 내는 유성이 영국 런던 서남부에 있는 작은 마을에 떨어진다. 이 우주선은 원통 모양을 하고 있었다. 화성인은 잠시 원통에서 나오기도 하였으나 지구 대기를 견디기 어려웠던지 급히 안으로 사라졌다. 인간의 대표가 백기를 들고 접근하였으나 화성인들은 열선으로 이들을 연소시켜 버린다. 화성인들은 세 개의 다리를 가진 '전투용 머신'을 조립한다. 뜨거운 열선과 화학무기로 무장한 이 기계는 군대와 주위의 부락을 공격하고 런던으로 진격한다. 남부 영국에 더 많은 원통형 우주선들이 착륙해서 공격에 가담한다. 그러나 지구의 미생물에 저항력이 없던 화성인들은 미생물에 감염되어 모두 사망하면서 이야기가 끝난다.

『우주전쟁』의 저자 웰스 (자료 : Wikimedia commons)

웰스가 그린 화성인은 크기가 곰만 하고 몸체는 키가 약 1.82

미터, 폭이 약 1.2미터로 문어를 닮았다. 두 발로 걷는 화성인은 튀어 나온 둥근 머리를 가졌고, 피부색은 반짝이는 회갈색이며, 두 눈은 크고 어두운 색깔을 띠고 있고, 입술이 없이 새의 부리와 같은 V자 형의 입을 가지고 있다. 화성인은 입 주위에 각각 위치한 8개의 거의 채찍과 같은 촉수(tentacle)가 있는데 이것들에는 '손'이라는 별명이 붙었다. 화성인은 뇌, 폐, 혈관이 있으나 소화를 위한 기관은 없다. 이들은 피펫(pipet)의 방법으로 혈관에 다른 동물로부터 피를 기계적으로 수혈하여 살아간다. 그러나 그들의 뼈와 근육은 지구의 강한 중력장에서는 부서질 정도로 약하다. 그들은 텔레파시를 사용한다.

『우주전쟁』은 사람들에게 화성인에 대한 관심을 불러일으켰고, 이후 이 소설은 드라마, 영화, 만화, 라디오와 TV 연속극, 뮤지컬, 게임 등으로 만들어졌다. 그중에서도 당시 유명한 배우였던 오손 웰스(Orson Welles)가 출연한 1938년 미국의 CBS에서 방송된 라디오 연속극이 유명하다. 무대를 미국으로 옮긴 이 드라마는 화성인이 지구를 침략한다는 '긴급 뉴스'로 시작하였는데, 대부분의 청취자들이 이를 실제 상황으로 착각함으로써 대중 히스테리를 일으켜 사회적으로 큰 반향을 불러일으켰다. 그리고 2005년에는 우리에게도 잘 알려진 스필버그(Steven Spielberg) 감독이 이를 영화화하여 전 세계적으로 엄청난 수의 관객을 동원하는 데 성공하였다. 『우주전쟁』은 최초의 로켓 개발자인 가다드(Robert Goddard)와 같은 과학자에게도 영향을 주어 로켓 개발의 모티브를 제공하였다고 한다.

1901년에는 영국의 과학 소설가 그리피스(George Griffith)가 태양계를 여행하는 젊은 부부가 화성인들에 의해서 납치되는 이야기를 다룬 『우주에서의 허니문(A Honeymoon in Space)』을 출간하였는데, 화성인을 지능이 아주 높고 몸은 호리호리하며 머리는 크고 대머리로 묘사해서 화성인에 대한 관심을 높여 주었다.

타잔의 창시자로 유명한 미국의 버로우(Edgar Burroughs)는 1912년부터 1943년까지 『화성의 공주(A Princess of Mars)』를 비롯해서 11개의 화성 탐험 이야기를 다룬 소설 『바숨(Barsoom)』 시리즈를 발간하였다. 1917년 발간된 소설인 『화성의 공주(A Princess of Mars)』에서는 미국 버지니아의 존 카터(John Carter)라는 사람이 애리조나에서 아파치에 쫓겨 '신성한 동굴'에 숨었다가 신비롭게도 화성으로 운송된 후 겪는 이야기이다. 그곳에서 카터는 낮은 중력의 결과로 더 큰 힘과 초인적인 민첩성을 갖게 된다. 그는 그곳을 지배하고 있던 타카스(Tarkas) 족의 신망을 얻고 높은 지위에 오른다. 그는 타카스 족에 붙잡혀 온 인간을 닮은 붉은색의 화성인 종족인 헬륨(Helium) 족의 공주 데자 도리스(Dejah Thoris)를 구해준 후 그녀와 결혼하여 자식을 낳는다. 그는 희박해지는 화성의 대기를 공급해 주는 대기 공장의 고장으로 위험에 처한 화성인들을 구한다.

버로우의 소설들은 카터의 후손들에 관한 이야기이다. 소설에는 유원인 공주, 여러 종족의 용감한 전사, 환상적인 동물, 그리고 고대와 현대의 진보된 기술의 융합 등이 등장한다. 버로우의 소설은 최근에 '존 카터'라는 제목의 3D 영화로 만들어져서 한국에서도 인기리에 상영되었다.

버로우의 『바숨』 시리즈에 등장하는 화성인들은 여섯 개의 사지(limb)와 녹색의 피부를 가지고 있고, 키가 남자는 4.6미터, 여자는 3.6미터로 매우 크며 호전적이다. 녹색 화성인들은 머리가 크고 야윈 몸과 긴 목을 가졌다. 여섯 개의 수족 중 둘은 다리, 둘은 팔이고 그 중간에 팔이나 다리로 사용할 수 있는 두 개의 수족이 있다. 두 개의 눈은 크고 중심에서 약간 위쪽으로 머리의 옆 양끝에 붙어 있고, 두 개가 따로 움직일 수 있어서 머리를 돌리지 않고도 두 방향을 볼 수 있다. 눈은 흰 공막(sclera)과 피와 같이 붉은 홍채(irises)로 이루어졌다. 컵 모양의 작은 귀들은 눈보다 조금 위에 안테나 같이 길이 2.5센티미터 정도로 돌출되어 있고 입과 귀 사이 중간인 얼굴 중심에 옆으로 찢어져 있다. 코끼리와 같이 큰 엄니(tusk)도 나와 있다. 여자는 배꼽과 유방을 가지고 있으며, 알을 낳는다. 옅은 노란색을 띠는 녹색의 몸통에는 털이 없다. 이들은 나체로 살며 장신구와 보석만 차고 다닌다. 높은 문명을 가진 이들은 기술적으로 발달되어 있으며 이 행성의 운하를 지배하고 있다. 이들의 수명은 1,000년을 초과한다.

1922년에는 러시아의 과학 소설가 톨스토이(A. N. Tolstoy)가 화성으로 여행하는 공학자가 화성의 최고 통치자의 딸인 아엘리타(Aelita)와 사랑에 빠지는 이야기를 다룬 『아엘리타』라는 책을 펴냈다. 이 소설은 1924년 영화로도 만들어졌으며, 그 이후로도 화성인에 관한 이야기는 소설에서 계속 다루어져서 수십 권의 소설과 많은 수의 영화, 만화, 컴퓨터, 비디오 게임이 등장하였다.

미국의 공상과학 소설가인 브래드버리(Ray Bradbury)는 1950년에 과학 소설 단편집 『화성 연대기(The Martian Chronicles)』를 발간하였다. 이 소설은 핵에 의해서 황무지가 된 지구를 도망친 인간들이 화성에 식민지를 건설하기 위해 토종 화성인과 벌이는 투쟁 이야기이다. 이 소설은 1980년에 록 허드슨(Rock Hudson)이 출연하는 TV 시리즈로 만들어져서 미국 NBC에서 방영되기도 하였다.

Exploration of Mars and Search for Martian Life

2. 초기의 우주선 탐사

화성과 화성인에 대한 관심이 높아짐에 따라 20세기 초부터 화성의 직접 탐사에 대한 꿈이 생겨났다. 최초의 탐사는 스푸트니크에 의해서 우주 개발이 시작된지 3년이 지난 1960년에 소련에 의해서 시도되었다. 그 후로도 여러 대의 탐사선이 화성 탐사를 목적으로 발사되었으나 대부분 실패로 끝났다. 이 시기의 화성 탐사는 동서 냉전에서 우위를 점하려는 시도 때문에 많은 무리수가 있었지만, 잇따른 실패는 이 탐사가 얼마나 복잡하고 변수가 많은 고난도 기술을 필요로 하는가를 말해 주고 있다.

이 장에서는 바이킹 탐사선이 화성 탐사에 성공한 1976년 이전의 초기 화성 탐사 과정을 알아본다. 이 기간 동안 미국과 소련은 21대의 우주선을 화성으로 발사하였으나, 그중 7대만이 부분적으로 성공을 거두었을 뿐이다.

우주선 탐사의 아이디어

우주선에 의한 화성 탐사를 최초로 연구한 사람은 독일의 수학자 호만(Walter Hohmann)이다. 그는 1925년부터 지구에서 화성으로 여행하는 데 필요한 에너지를 연구하였다. 그에 따르면 지구와 화성 모두 타원궤도로 움직이고 우주선도 타원궤도로 발사되기 때문에 가장 경제적으로 우주선을 화성에 도달시키기 위해서는 두 천체의 궤도를 고려해서 우주선을 타원궤도로 발사해야 한다. 그러한 방법으로 화성이 태양과 가장 가까운 근일점 충에 올 때 우주선을 발사하는 것이 가장 유리하다. 화성이 충에 도달하기 50일 전에 시작해서 수 주 동안을 말하는 '발사창(launch window)'에 있을 때 탐사선을 발사해야 하는 것이다. 화성과 지구의 궤도가 모두 타원이기 때문에 지구와 화성 간 가장 가까울 때의 거리는 5,500만에서 1억 킬로미터로 변한다. 우주선이 발사된 후 화성에 도달하는 데 걸리는 기간은 로켓의 기능에 따라 달라지겠지만 대체로 250일 전

'화성 계획'을 발표한 로켓 전문가 폰 브라운
(자료 : Wikimedia commons)

후이고, 그동안 화성은 궤도를 130° 정도 돈다.

독일 태생으로 미국 로켓 개발의 1인자였던 폰 브라운(von Braun)은 최초의 인공위성인 스푸트니크(Sputnik) 1호가 발사되기 10년 전인 1948년부터 인간의 화성 탐사 계획을 생각하였다. 그는 1952년에 화상 탐사 계획 단계에서부터 우주선의 건조, 여행, 탐사와 귀환까지 상세한 기술적인 설명을 포함한 미래 과학 소설『화성 계획(The Mars Project)』을 발간하였다. 그러나 이 책은 60여 년 동안 거의 묻혀 있다가 그가 사망한지 30년 후인 2006년에 그의 다른 원고들과 함께『화성 계획, 기술적인 이야기(Project Mars, A Technical Tale)』라는 이름으로 발간되면서 다시 빛을 보게 되었다. 이 책에서 가장 주목할 점은 인간이 화성을 탐사하고 안전하게 지구로 귀환하게 해 준 우주선의 디자인과 지구 궤도에서의 조립에 관한 기술을 상세하게 설명하였다는 것이다. 그의 아이디어는 현재 계획되고 있는 인간의 화성 직접 탐사 계획과 유사하다. 그는 우주 개발이 시작되기 이전인 1952년부터 이러한 계획을 잡지, 책, 텔레비전을 통해서 일반에게 알리기 시작하였으며, 핵 추진 우주선 함대가 수백 명을 화성으로 실어 나르는 방법을 설명하였다.

트라팔가(Trafalgar) 해전의 영웅 넬슨 제독의 6대 손인 얼 넬슨(Earl Nelson)도 1956년에『화성에는 생명체가 있다(There Is Life on Mars)』라는 화성으로의 여행을 상상하는 책에서 여행 과정을 최초로 상세하게 다루었다.

소련의 초기 탐사

1957년 10월 4일 최초의 인공위성 스푸트니크 1호를 발사한 소련은 화성 탐사 계획 마스니크(Marsnik) 계획을 세웠다. 소련은 이 계획에 따라 화성이 근일점 충에 왔을 때인 1960년 10월에 최초의 화성 탐사선인 마스(Mars) 1960A호와 1960B호를 잇따라 화성으로 발사하였다. 그러나 이 우주선들은 발사체의 추진력 부족으로 고도 120킬로미터에 이른 후 다시 지구로 떨어졌다.

소련은 이어서 화성 근접 통과선인 마스 1962A호와 1962B호를 1962년 10월 24일과 11월 4일에 각각 발사하였으나 이들도 지구 궤도에 진입 도중 분해되었거나 지구 궤도에서 화성으로 보내는 과정에서 폭발이 일어나 실패로 끝났다.

1962년 11월 1일에는 마스 1호가 발사되어 지구 궤도를 벗어나서 화성으로 향하였으나 지구에서 1억 676만 킬로미터의 거리에서 안테나 지향 장치의 고장으로 통신이 두절되었다. 마스 1호는 약 1만 1,000킬로미터의 거리에서 화성을 통과하면서 표면의 영상을 찍고 우주선 복사, 미소운석 충돌, 자기장, 복사 환경, 대기의 구조, 그리고 유기 물질에 관한 데이터를 보내오도록 계획되었다. 그러나 1963년 6월 19일 화성 근접 거리가 계획보다 훨씬 먼 약 19만 3,000킬로미터에서 화성을 통과하였다. 그래도 이 우주선은 많은 양의 행성 간 데이터를 보내와서 목표 달성에 부분적으로 성공하였다고 볼 수 있다. 이로써 마스 1호는 화성을 근접 통과한 최초의 우주선이 되었다.

1964년 11월 30일에는 화성 근접 탐사선인 존드(Zond) 2호를 발사하였다. 이 우주선은 화성으로 향하던 중인 1965년 5월 4일 통신이 두절되었다. 그러나 존

소련의 화성 탐사선 마스 2호

드 2호는 비행을 계속해서 1965년 8월 6일 화성을 1,500킬로미터 내로 근접 통과하였다.

소련은 1971년 5월 5일 최초의 화성 궤도선인 코스모스(Cosmos) 419호를 발사하였으나 발사 단계에서 실패하여 발사 2일 후에 지구 대기권으로 추락하였다.

1971년 5월 4일과 5월 28일에는 궤도선과 착륙선으로 이루어진 마스 2호와 3호가 각각 발사되었다. 질량 3,440킬로그램인 마스 2호의 궤도선은 1971년 11월 27일 성공적으로 화성 궤도에 진입하여 최초로 다른 천체의 주위 궤도를 도는 인공 궤도선이 되었다. 궤도는 최원점이 2만 4,940킬로미터, 최근점이 1,380킬로미터, 궤도 경사가 4.9°, 주기가 17h58m이었다. 하지만 무게 1,210킬로그램의 착륙선과 4.5킬로그램의 로버는 6 km/s의 속도로 낙하하였으나 낙하산이 펴지지 않아 화성 표면에 충돌하여 실패로 끝났다. 하지만 마스 2호는 화성 표면에 도착한 최초의 인공물체가 되었다. 마스 2호와 쌍둥이 같이 닮은 마스 3호의 궤도선은 1971년 12월 2일 성공적으로 화성 궤도에 진입해서 궤도 최원점 21만 1,400킬로미터, 최근점 1,500킬로미터, 궤도 경사 60°, 이심률 0.95548, 주기 12.79일인 궤도를 돌았다. 마스 3호의 착륙선은 5.7 km/s의 속도로 하강하면서 공기 역학적인 제동, 낙하산, 역추진 로켓 등을 사용해서 표면에 연착륙하였다. 그러나 착륙 14.5초 후에 알 수 없는 원인으로 통신이 두절되었다. 마스 2호와 3호의 궤도선들은 방대한 양의 데이터를 보내왔는데, 표면 영상에는 22킬로미터 높이의 산도 보였고, 표면 온도는 -110～+13℃, 표면 대기압은 5.5～6 hPa, 대기 중 수분은 지구의 5,000분의 1, 대기의 7킬로미터 높이까지 솟아오르는 먼지 폭풍 등 많은 관측을 하였다. 또한 화성의 중력 분포와 자기장도 측정하였다.

1973년 2～3월 사이에 소련은 궤도선인 마스 4호와 5호, 그리고 착륙선인 6호와 7호 등 4대의 화성 탐사선을 연이어 발사하여 1974년 2～3월에 화성에 도착시켰다. 마스 4호는 1974년 2월 10일 화성에 접근하였으나 엔진이 정지되어 화성 궤도를 돌 수 없어 2,200킬로미터의 거리에서 그냥 근접 통과하면서 화성 밤 쪽의 이온층 모습을 보내왔다. 2일 후 마스 5호도 궤도 최원점 3만 2,555킬로미터, 최근점 1,755킬로미터, 주기 24h53m, 경사각 35.3°의 궤도에 진입하여 9일간 60개의 고해상도 영상을 보내왔다. 마스 6호와 7호는 화성을 통과하면서 착륙선을 분리시키게 되어 있었으나 마스 6호의 캡슐은 데이터를 보내면서 착륙은 하였지만 낙하산이 덮어버려 착륙 224초 후에 데이터 전송이 중지되었다. 마스 7호의 착륙선은 너무 일찍 분리되어 착륙에 실패하였다.

미국의 초기 탐사

소련이 우주선을 화성으로 발사하자 곧이어 미국도 화성 탐사에 착수하였다. 미국 최초의 화성 탐사선은 1964년 11월 5일에 발사된 매리너(Mariner) 3호이다. NASA가 발사한 이 우주선은 앞머리에 씌운 덮개가 분리되지 않아 화성으로 향하는 데 실패하고 태양 주위 궤도를 떠돌고 있다.

NASA는 매리너 3호 발사 3주 후인 11월 28일에 3호와 똑같은 우주선인 매리너 4호를 발사하였다. 이 우주선은 7개월 반 동안 성공적인 비행을 한 후 1965년 7월 14일 화성을 근접 통과하였다. 무게 260킬로그램의 이 우주선의 몸체는 대각선 지름이 1.27미터이고 두께가 45.7센티미터인 8각형이다. 길이 7미터인 7,000개의 태양 전지로 이루어진 네 개의 태양 전지판이 700와트의 전력을 생산하였다. 매리너 4호는 TV 카메라와 태양풍 측정기를 비롯한 6개의 과학 관측 기구를 싣고 떠났다.

미국의 화성 탐사선 매리너 4호

매리너 4호는 화성에서 9,846킬로미터의 거리를 통과하면서 37°N과 55°S 사이의 띠를 커버하는 22개의 영상을 보내왔다. 각 영상은 카메라가 받는 빛의 양에 따라 숫자로 전송되는 4만 개의 화소로 구성되었다. 이 영상들이 다른 행성에 대한 최초의 근접 표면 영상이다. 영상에 나타난 화성의 표면은 달과 아주 비슷하게 보였다. 이 영상을 통해 최초로 화성 표면을 비교적 상세하게 볼 수 있었고, 후에 아틀란티스(Atlantis)라고 불린 영역에서 거대한 크레이터와 그 안에 여러 개의 다른 크레이터가 들어 있는 모습도 볼 수 있었다. 태양광의 반사능이 서로 다른 크레이터가 존재한다는 사실은 화성의 전체 표면이 수십억 년 되었다는 것을 의미한다. 이를 통해 화성에서는 지구 표면을 연속적으로 변화시키는 것과 같은 지각 변동이 일어나지 않았다는 것을 알 수 있다. 또한 화성에서는 비에 의해서 화학적, 물리적으로 표면이 침식되는 수문학적인 순환(hydrological cycle)을 일으키기에 충분할 정도의 물이 없었음을 의미한다.

화성 표면의 대기압은 4.1~7.6 hPa이었고, 이산화탄소의 부분 압력은 4 hPa로 이산화탄소가 적어도 대기의 95%를 차지하고 있다. 이렇게 낮은 압력에서는 액체 상태의 물이 안정적이지 않아 액체의 물이 존재하기 어렵다. 해가 지면 표면이 낮에 흡수하였던 열을 방출하기 때문에 온도는 기대하였던 것보다 낮았다. 극의 온도는 -128℃로 낮았는데 이는 극관이 물의 얼음이 아니라 이산화탄소의 서리임을 나타낸다. 낮의 온도는 -100℃로 나타났다. 화성에서는 자기장이나 복사대가 탐지되지 않았다. 매리너 4호와의 통신은 1967년 12월 21일에 두절되었다.

NASA는 아폴로 우주선을 한창 준비 중이던 1969년 2월 24일과 3월 27일에 쌍둥이 우주선인 매리너 6호와 7호를 각각 발사하였다. 6호는 1969년 7월 31일에 화성 표면에서 3,431킬로미터의 거리에서 최근접 비행하고, 7호는 1969년 8월 5일에 화성에서 3,430킬로미터의 거리에서 최근접 비행하면서 더 상세한 관측을 하였다. 이 우주선들은 매리너 4호와 비슷한 8각형의 모습을 가졌지만 무게가 412킬로그램으로 더 나가고 더 성능이 좋은 카메라를 비롯해서 적외선과 자외선 분광기, 온도계 등 8종의 기기를 갖추었다.

매리너 6호는 주변보다 어둡게 보이는 알베도 지대(albedo feature)인 시너스 메리디아니(Sinus Meridiani) 상공 3,500킬로미터까지 접근하면서 25개의 영상을 보내왔다. 이 영상들은 그때까지는 가장 좋은 해상도를 가진 것들이었다.

매리너 7호도 3일 후에 91개의 영상을 보내왔다. 이 우주선들이 보내온 영상에는 수백 개의 크레이터, 이산화탄소의 서리, 사막과 같은 평지, 그리고 극관 등이 보였다. 시너스 메리디아니에서 표면 압력은 6.5 hPa이나 남반구 위도에서는 3.5 hPa로 나타났는데, 이 지역이 높은 지형임을 의미한다. 적도의 온도는 -73℃, 극지방은 -125℃로 측정되고 극관이 이산화탄소의 서리일 가능성을 다시 암시해 주었다.

1971년 5월 8일과 5월 30일에 각각 발사된 매리너 8호와 9호는 동일한 쌍둥이 우주선으로 화성 주위 궤도를 돌면서 화성 표면의 지도를 동시에 작성하도록 계획되었다. 그러나 매리너 8호는 발사에 실패하여 대서양으로 추락하였다. 무게 559킬로그램의 매리너 9호는 발사 6개월 후인 11월 14일에 최초로 화성 주위를 도는 궤도선이 되었다. 이 우주선은 자외선과 적외선 분광계를 포함한 여섯 가지 관측기구를 싣고 있었다.

| 미국의 화성 탐사선 매리너 9호

매리너 9호는 화성 표면에서 최원점 1만 6,860킬로미터, 최근점 1,650킬로미터, 경사각 64.4°의 궤도를 돌면서 화성 전체 표면의 70%를 커버하였다. 초기의 영상은 1972년 1월까지 표면을 덮은 거대한 모래폭풍을 보여 주었다. 이 탐사선은 가장 큰 해상도로 먼지폭풍이 걷힌 후 한때는 물이 흘렀을 것으로 추측되는 건조한 하상(河床), 길이가 4,020킬로미터이고 폭이 100킬로미터인 마리네리스 협곡(Valles Marineris)을 포함한 거대한 협곡, 높이가 22킬로미터이고 지름이 550킬로미터인 거대한 화산인 올림퍼스 산(Olympus Mons) 등 다양한 지형을 보여 주었다. 그 이전의 근접통과 우주선들이 보인 것과는 달리 화성에서 최근까지 격렬

한 화산 활동이 있었음을 암시하고 있다. 이러한 화산이 비록 희박하긴 하지만 화산 활동으로 대기에 수분을 포함한 가스를 공급하였음을 알 수 있다.

크레이터가 많은 지형에 꾸불꾸불한 물이 흐른 자국인 채널(channel)이 보이는데 그들 중에는 나뭇가지 모양을 가진 것도 있다. 적도 지역에는 행성의 4분의 1을 감싸는 거대한 협곡 시스템도 보였다. 더 북쪽으로는 대부분의 북반구에 형성되어 있는 저지대 평원의 일부인 크리세(Chryse) 지역으로 거대한 홍수 채널이 연결되어 있다. 화성이 한때 물이 흘렀던 것 같고 기후의 대변화가 있었을 것도 같다. 크레이터에서 아래로 수백 킬로미터 뻗힌 어두운 줄은 바람에 날리는 먼지가 대규모의 반사능, 즉 알베도의 변화를 일으켰음을 증명해 준다. 크레이터 안에 있는 어두운 반점들을 자세히 보면 이들이 모래 언덕임을 알게 해 준다.

이 탐사선은 화성의 위성인 포보스와 데이모스의 크레이터로 덮인 사진도 보내왔다. 매리너 9호는 7,329개의 픽셀(pixel)당 약 1킬로미터의 해상도 영상을 보내온 후 1972년 10월 27일 작동을 멈추었다.

Exploration of Mars and Search for Martian Life

3. 바이킹호의 연착륙 탐사

화성 표면의 상태를 면밀히 조사하고 생명체를 탐사하기 위해서는 표면 착륙선으로 탐사해야 할 필요성이 제기되었다. 그래서 NASA는 1971년에 화성 궤도에 우주선을 보내 착륙 지점을 탐사하고, 1973년에 착륙선을 착륙시킬 계획을 세웠다. 화성 착륙선의 이름은 항해술이 뛰어났던 스칸디나비아의 노르만 족의 다른 이름인 '바이킹(Viking)'으로 하였다. 바이킹 1호와 2호는 1975년에 화성으로 발사되어 다음 해인 1976년에 화성 표면에 연착륙하고 성공적인 탐사 임무를 시작하였다.

바이킹 우주선

NASA는 1975년 8월 20일과 9월 9일에 최초의 화성 착륙 탐사선 바이킹 1호와 2호를 각각 타이탄/센타우르(Titan/Centaur) 로켓으로 발사하였다. 10억 달러를 들여 개발한 바이킹 우주선은 궤도에서 화성 표면의 사진을 촬영하는 궤도선과 표면에 연착륙하여 표면 상태를 관측하는 착륙선으로 구성되었다. 궤도선은 착륙선과의 통신을 중계하는 역할도 하였다.

바이킹 1호와 2호 궤도선은 각각 1976년 6월 19일과 8월 7일 화성 궤도에 진입하였고, 1호의 착륙선은 1976년 7월 20일 크리세(Chryse) 평원에, 2호의 착륙선은 9월 3일에 크리세에서 6,500킬로미터 떨어진 유토피아(Utopia) 평원에 연착륙하였다. 바이킹 1호의 착륙선은 화성에 연착륙하여 임무를 수행한 첫 번째 착륙선이 되었다. 바이킹 2호의 궤도선은 추진체의 연료 누출로 1978년 7월 25일에, 착륙선은 배터리 실패로 1980년 4월 11일에 1,316일간의 임무를 끝냈다. 바이킹 1호의 궤도선은 1,485번 궤도를 돈 후, 연료가 떨어져서 1980년 8월 17일에, 착륙선은 원격 조종 잘못으로 1982년 11월 13일에 6년 116일간의 임무를 끝냈다.

바이킹 탐사선의 과학적인 목표는 첫째, 화성 표면의 고해상도 영상을 얻는 것이고, 둘째, 화성의 대기와 표면의 구조, 그리고 그 물질 성분을 알아내는 것이며, 셋째, 화성에서 생명체의 증거를 찾는 일이었다.

바이킹 궤도선

바이킹 궤도선은 착륙선을 화성까지 운반하고 착륙선의 착륙 지점을 탐사, 착륙선과의 통신 중계, 그리고 자체 과학 관측 임무를 수행하였다. 궤도선은 매리너 9호와 마찬가지로 8각형의 몸체를 가지고 있으며, 무게가 900킬로그램, 지름이 2.5미터이다. 궤도선의 동력은 1.57 × 1.23미터 크기의 태양전지판 8개가 제공한다. 이 태양전지판은 620와트의 전기를 생산하고 26셀(cell)의 니켈-카드뮴 전지가 보충해 준다. 136킬로그램의 추진력을 내는 사산화이질소(Dinitrogen

착륙선을 분리시키는 바이킹 궤도선

tetroxide)에서 단일메틸하이드라진(monomethyl hydrazine)을 태우는 로켓 엔진이 수평 유지 장치인 짐벌(gimbal)에 부착되었다. 이것은 화성으로 가는 도중 궤도 수정, 궤도 진입 연소, 그리고 궤도의 기울기 조절 등에 사용되었다. 자세 조종 시스템은 하늘에 보이는 별의 추적기와 태양 센서를 이용하였고 질소 가스를 분출해서 자세를 교정한다. 빠른 데이터의 송수신을 위하여 지름 1.5미터의 모터가 달린 접시형 하이게인(high-gain) 안테나를 달았다. 안테나는 에스-밴드(S-Band) 명령을 수신하고 20와트 송신기는 2와 16kbit 에스-밴드로 데이터를 송신할 수 있다. 안테나가 지구를 향할 수 없을 때는 작대기와 같은 전방향성의 안테나가 우주선 옆구리에 달려서 로우게인(low-gain) 통신을 유지시켜 준다. 데이터 저장 시스템은 8트랙 디지털 테이프 기록 장치로 각각 6억 4,000만 bit의 용량을 가졌다.

바이킹 궤도선이 촬영한 마리네리스 계곡

바이킹 궤도선이 촬영한 화성 표면

궤도선은 컴퓨터 시스템에 의해서 가동된다. 두 대의 비디콘 TV 카메라는 각각 475밀리미터의 초점거리를 갖는 카세그레인 망원경을 갖는다. 이 망원경의 시야는 1,500킬로미터의 최근점에서 40×44킬로미터의 표면적에 해당하는 1.54°×1.69°이다. 각 영상은 1,182픽셀의 1,056개 선으로 이루어진다. 카메라는 매 4.48초마다 사진을 찍을 수 있다. 대기 중의 수분 함량을 측정하여 수분 분포도를 작성하기 위해서 파장 1.38마이크로미터인 태양광의 분산된 반사광을 측정하는 적외선 분광기(MAWD)도 갖추었다. 파장 0.3~24마이크로미터 범위에서 적외선 방출로부터 적외선 반사를 구별하기 위한 7개의 안티모니-비스무스 탐사기를 가진 작은 망원경 4개로 이루어져 있는 적외선 열분포도 작성기(IRTM)도 갖추었다. 큰 바위는 고운 물질보다 열을 더 오래 보존하므로 1일간의 온도 구배(gradient)는 표면이 모래인지 암석으로 이루어져 있는지를 알려 줄 수 있다.

바이킹 착륙선

바이킹의 착륙선은 모선으로, 화성 궤도로 운반된 뒤 궤도선에서 떨어져서 자동으로 착륙하고 적어도 90솔(1sol은 화성의 하루로서 24시간 39분 35.244초임) 이상 작동하도록 설계되었다. 착륙선의 몸통은 6면체의 지름 3미터, 깊이 0.5미터의 알루미늄-티타늄으로 이루어졌고 무게는 600킬로그램이다. 몸체의 측면은 길이가 1.09미터인 것 3개와 3개의 발이 달린 0.59미터 면으로 번갈아 구성되었다. 발받침을 가진 세 개의 착륙용 다리가 몸체를 받쳐 주고 있다. 열손실에 대비해서 방열 장치를 갖춘 내부에는 컴퓨터, 데이터 저장 장치, 테이프 기록계, 라디오, 배터리, 제어시스템 등의 장치와 화성의 생물학, 화학 조성, 기상, 지진, 자기장 등 표면과 대기의 모습, 그리고 물리적인 성질을 알아낼 수 있는 여러 가지 기기가 실려 있다. 3.3미터 길이의 로봇 팔이 퍼낸 토양은 생물분배기, 가스분석기, 질량분광기, 그리고 X선 형광분광기로 이루어진 내부 실험실로 옮겨진다. 박테리아와 같은 살아 있는 유기체를 증식시키기 위하여 시료를 가열한 후 물과 영양분을 첨가하여 화성에서 생명의 존재 여부를 탐지할 수 있다.

모든 외부 장치는 온도 유지를 위해서 태양빛을 반사하도록 흰색이 칠해져 있다. 주 수신 장치는 자전하는 화성에서 지구를 향할 수 있도록 전기적으로 움직이는 1미터의 포물면 로우게인 안테나로, 초당 1 kbit로 에스-밴드 송신을 할 수

| 바이킹 착륙선

있다. 착륙선은 총 70와트를 생산하는 두 개의 방사능 플루토늄 산화 방사선 동위원소 열전기 발전기에 의해서 전기를 공급받는다. 전력이 더 필요할 때를 위해서 4개의 재충전이 가능한 니켈-카드뮴 배터리 4개를 갖추었다. 착륙선은 생물체 차폐 장치(bioshield)로 밀폐되었고, 오염을 막기 위해서 113℃로 24시간 가열시켰다.

착륙선의 화성 표면 착륙

바이킹 1호와 2호의 착륙 목표 지점은 극관이 줄어드는 여름 반구(半球)에 수분이 더 풍부할 것으로 생각되어 북반구로 잡았다. 바이킹 1호는 10개월간의 비행 끝에 1976년 6월 19일에 화성 궤도에 진입하였다. 6월 21일에는 최근점 1,513킬로미터, 최원점 3만 3,000킬로미터, 주기 24.66h의 궤도에 정착하였다. 바이킹의 궤도선은 궤도 진입 약 5일 전부터 화성 전체의 영상을 보내오기 시작하였다.

바이킹 1호 착륙선은 퇴적층인 화성 경도 35°W의 크리세 평원을 제1착륙 후보지로 잡았다. 궤도선이 6월 22일 크리세의 최초 사진을 찍었다. 착륙선은 미국 독립기념일에 맞춰서 7월 4일에 착륙하도록 계획되었다. 그러나 200미터의 해상도를 가진 사진을 통해 착륙 시 충격으로 바위 덩어리들이 솟아오를 수 있는 작은 크레이터들이 다량 존재하고 있는 것을 알아냈다. 더 많은 영상을 찍어본 결과 착륙 예정지가 크레이터, 채널, 그리고 깎아지른 절벽으로 덮여 있다는 것이 알려지게 되었다. 그래서 NASA는 비교적 크레이터가 적은 장소를 정하여 예정지보다 58킬로미터 서쪽인 좌표 47.4°W, 22.5°N에 착륙시키기로 결정하였다.

7월 20일 세계협정시 08:51UTC에 바이킹은 5,000킬로미터 고도에서 타원 궤도를 돌면서 세 개의 폭발 장치를 폭발시켜 착륙선과 착륙선을 보호하는 방호막이 분리되었다. 분리될 때 착륙선의 궤도 속도는 약 4 km/s였다. 착륙선은 궤도를 벗어나기 위해서 방호막에 달린 역추진 로켓을 점화하였다. 수시간 후 고도 약 300킬로미터에서 착륙선은 방향을 바꾸어 대기로의 진입을 시작하였다. 보호막이 대기로 돌진하는 착륙선의 속도를 낮추어 주었다. 연소는 착륙선을 목표 궤도 내에서 대기를 뚫고 목표 지점에 착륙하기에 적당한 156m/s의 속도를 갖게 하고 점화 22분 16초 후에 종료되었다.

착륙선이 대기로 들어가면서 방호막에 부착된 속도지체퍼텐셜분석기(RPA), 질량분석기와 대기의 조성, 온도, 압력을 측정하는 센서로 진입과학실험(entry science experiment)을 수행하였다. 이때 착륙선의 속도는 2 km/s로 느려졌다. 현지 시각 오전 5시 10분에 약 6킬로미터의 고도와 250 km/s의 속도에서 지름 16미터의 착륙선 낙하산이 펴지고, 7초 후에는 보호막이 떨어져 나갔다. 8초 후에는 세 개의 다리가 펴져서 고정되었다. 1분 후 고도 1,400미터에서 54m/s의 속도로 하강하면서 착륙선 측면 발이 달리지 않은 면에 있는 세 개의 역추진 로켓 엔진이 착륙의 마지막 단계로 점화되었다.

컴퓨터로 관성 기준과 레이더 고도계가 추진력을 조절하게 하여 하강 속도를 조절하였다. 엔진에서 방출되는 가스가 생명체 탐사가 예정된 표면 물질을 오염시키지 않게 하기 위해서 각 엔진의 18개의 작은 노즐은 밑을 향하게 하였다. 그렇게 하여 수소와 질소의 배기가스가 넓은 영역으로 퍼져서 표면의 온도와 상태가 원래대로 유지되게 하였다. 로켓은 착륙할 때 하강 속도를 2 m/s로 낮아지게 하였다. 그리고 발밑에 센서를 달아서 고체 물질을 접촉하는 첫 번째 다리가 시스템을 정지시켜 하강 과정을 종결시켰다. 이후 착륙선은 중력의 영향을 받아 비교적 가볍게 흔들리면서 표면에 수평으로 내려앉았다. 다리들은 착륙 시 충격을 흡수하는 벌집 모양의 알루미늄 충격 흡수 장치를 가졌다. 안착 신호를 받은 컴퓨터는 매초 4~16 kbit의 원격 측정 장치를 작동시켰다. 이로써 인간이 만든 우주선이 최초로 화성에 연착륙하였다.

바이킹 1호 착륙선은 서쪽 크리세 평원(일명 Golden Plain)인 좌표 48.222°W, 22.697°N, 그리고 고도 -2.69킬로미터에 착륙하였다. 착륙 시각은 11:53:06UT(화성 현지 시각 16:13h)이었다. 착륙선은 착륙 25초 후부터 약 4분 동안 최초의 화성 표면 영상을 보내왔다. 이 영상을 보내는 동안 바이킹 착륙선은 지구와 직접 통신을 위해서 지구를 향해 하이게인 안테나를 세웠고 센서가 달린 기상(氣象) 팔(boom)을 전개시켰다. 착륙 다음 날에는 최초의 컬러 영상도 보내왔다.

바이킹 1호 착륙선은 6년 116일, 화성일로는 1775솔 동안 활동하고 1980년 8월 17일에 활동을 정지하였다.

바이킹 2호는 333일의 긴 항행 끝에 1976년 8월 7일에 최근점 1,500킬로미터, 최원점 3만 3,000킬로미터, 주기 24.6h의 화성 궤도에 진입해서 착륙 후보지에 대한 영상 촬영을 시작하였고, 이 영상들이 바이킹 궤도선을 통해서 전송되어 후보지를 선택할 수 있게 하였다.

원래 착륙선은 사이도니아(Cydonia) 영역에 착륙할 예정이었으나 바이킹 1호의 조사로 이 지역이 착륙하기에 너무 험한 것으로 나타나 착륙 장소로 유토피아 평원에 있는 미(Mie) 크레이터의 서쪽 200킬로미터 지점인 좌표 225.99°W, 48.269°N의 장소로 변경되었다. 착륙선과 그 방호막은 9월 3일 19:39:59UT에 궤도선에서 분리되었는데, 이때 착륙선의 궤도 속도는 약 4 km/s이었다. 착륙선의 분리는 정상적으로 이루어졌으나 5초 후에 궤도선의 주 자이로스코프가 동력을 잃기 시작하였고, 4분 후에 궤도선은 자세에 흔들림이 일기 시작하였다. 그러나 예비 자세 제어장치의 자이로스코프를 작동시켜 이 문제를 해결하였다. 렌즈 모양으로 착륙선을 둘러싸고 있는 방호막은 화성 상층 대기 속으로 돌진할 때 1,500℃의 높은 온도를 견뎌냈다. 지름 16.2미터인 낙하산이 고도 약 5킬로미터에서 열렸고, 방호막은 떨어져 나가고 다리가 펴졌다. 표면 1.5킬로미터 상공에서 추진기가 점화되어 약 2.4m/s의 속도로 착륙하였다. 착륙은 궤도선에서 분리된 지 약 3시간 19분이 지난 22:58:20UT에 이루어졌다. 기대와는 달리 유토피아는 바위가 널려 있었고 그 중 하나는 착륙선 다리의 발바닥(footpad)에 가까워서 착륙 때 착륙선을 밀어내기도 하였다.

바이킹호가 찍은 바위가 널린 화성 표면

바이킹 2호 착륙선은 화성일

로 1281솔 동안 표면에서 활동한 후 1980년 4월 11일 배터리가 수명을 다하면서 활동이 정지되었다.

화성 표면의 탐사

바이킹 착륙선들의 주요 임무는 화성 표면의 고해상도 지형 촬영, 생물체의 존재 유무에 관한 실험, 대기와 표면의 조성 규명, 기상 실험, 가스분광기에 의한 분자 분석, X선 분광기에 의한 분광 실험, 지진 실험 등이었다.

표면의 스테레오 관측을 위해서 착륙선 꼭대기에 두 대의 카메라가 1미터 떨어지게 설치되었다. 카메라는 거의 360°를 회전할 수 있었다. 착륙선은 4,500개 이상의 영상을 보내왔다. 착륙선이 보낸 표면 컬러 영상에는 표면과 하늘이 붉

바이킹호가 찍은 화성 표면의 서리

바이킹호가 찍은 붉은 색깔의 화성 표면과 대기

은색을 띠고 있고 지평선 끝까지 크고 작은 암석이 널려 있었으며, 하늘에서 반원을 그리면서 지는 태양, 그리고 땅에 서린 이산화탄소의 서리 등이 나타나 있었다.

바이킹 1호가 착륙한 크리세 평원은 암석이 흩어져 있는 사막과 같은 모습을 보였고, 바이킹 2호가 착륙한 유토피아 평원은 더 평평한 평야이고 암석이 많았다. 이 암석들은 약 100킬로미터 떨어진 미(Mie) 크레이터에서 분출된 것으로 보인다. 화성 표면은 현무암 용암으로 덮여 있고, 토양에는 규소과 철이 풍부하고 마그네슘, 알루미늄, 황, 칼슘, 티타늄 등도 탐지되었다.

영상에는 지름 0.3미터의 원형 발판도 찍혀 있었다. 발판이 표면에 손상되지 않았고 오목한 위쪽에는 먼지도 쌓여 있어서 안전하게 수평 지대에 내려앉았음을 보여 주었다. 파노라마 영상에는 3킬로미터 밖의 모습까지 보였다. 영상에 나타난 화성 하늘의 색깔은 지구 하늘과는 달리 붉은색으로 보였는데, 이는 지구의 노을과 같이 대기 중의 먼지 입자가 스펙트럼의 붉은 쪽 끝을 산란시켰기 때문이다.

이산화탄소의 대기는 표면 압력이 7.6hPa로 밝혀졌고, 이 값은 겨울에는 30% 떨어진다. 온도는 오후 기준 −33℃이고 풍속은 51 km/s까지 탐지되었다.

바이킹 궤도선들도 화성 표면의 97%를 30미터의 분해능으로, 2%를 25미터 이상의 분해능으로 지도로 그렸다.

화성 토양의 분석

착륙선에는 토양을 수거하는 팔이 달려 있었다. 이 팔은 3미터까지 뻗을 수 있고 수평으로 300°를 돌 수 있으며 35°를 올라가고 50°를 내려갈 수 있다. 팔의 끝에는 수집기(collector) 머리가 있다.

표본 토양은 현무암 용암의 풍화 작용으로 생긴 토양을 닮았다. 토양은 다량의 규소과 철, 그리고 상당량의 마그네슘, 알루미늄, 황, 칼슘, 티타늄을 함유하고 있었다. 약간의 스트론튬과 이트륨도 검출되었다. 포타슘의 양은 지각 평균값의 5분의 1로 적었다. 어떤 토양 물질은 바닷물이 증발한 후 남는 것과 같은 황과 염소를 포함하고 있었다. 황은 나트륨, 마그네슘, 칼슘, 철의 황산염으로 존재하는 것으로 보인다. 토양은 80%가 철이 풍부한 진흙이고, 약 10%가 마그네슘 황산염, 일명 키저라이트, 그리고 5%가 탄산칼슘을 주성분으로 하는 탄산염인 방해석, 나머지 5%는 적철석, 자철석, 침철석 등의 철산화물이 섞인 혼합물인 것으로 추측된다.

자석으로 측정된 토양의 표면 물질이 갈철석, 즉 산화철 때문에 붉은색을 띠고 있는 물질이라는 가설을 시험하기 위해서 자성 실험을 하였다. 철은 여러 방법으로 산화하지만 산화된 것 전부가 자성을 띠는 것은 아니다. 착륙선은 여러 개의 자석을 달고 있는데, 자석은 특성 패턴(무늬)을 가지고 있어 자석에 끌린 물질은 모두 독특한 패턴을 만든다. 물질의 색깔과 자성 인력의 강도로부터 산화철의 형태를 구분할 수 있다. 자성 물질의 화학 성분은 자철석 등의 철산화물로 나타났으며, 이것들은 현무암의 풍화 작용으로 생긴 것임을 알 수 있다.

많은 양의 물에 의해서 형성된 것으로 보이는 여러 가지 지질학적인 형태도 발견되었다. 강에 여러 개의 계곡이 보이는데 이것들은 홍수가 나서 물이 댐을 넘쳐 흘러 깊은 계곡이 파이고 기반암(bedrock)으로 줄무늬를 만들어 내면서 수천 킬로미터를 흐른 것이다. 남반구에서는 갈라진 지류 네트워크가 보이는데, 이것은 한때 비가 많이 내렸음을 의미한다. 많은 크레이터에서 운석이 진흙 표면에 떨어진 것처럼 보이며, 이것은 토양의 얼음이 녹아서 흙을 진흙으로 변형시켜 표면에 흘렀음을 나타낸다. 정상적으로는 충돌이 일어나면 물질은 위로 솟아오른 후 아래로 떨어지며 화성의 크레이터에서와 같이 표면에서 장애물 주위를 돌아서 흐르지는 않는다. 여기에서 흐른 물의 양은 미국 미시시피 강물의 1만 배나 되는 것으로 추정된다. 지하의 화산이 얼음을 녹이고 그 물이 흘러나아서 땅이 붕괴하여 복잡한 지형을 만들기도 하였다.

화성 생명체의 탐사 실험

바이킹 우주선들은 생명체의 증거를 찾기 위한 생물학적인 실험을 수행하였다. 바이킹에는 무게가 15.5킬로그램인 세 가지 생물 실험 장치가 실려 있었다. 그것들은 가스교환(GEX), 표지방출(LR), 그리고 열분해방출(PR) 실험 장치들이다. 추가로 생물학적 실험과는 별도로 바이킹에는 화성 토양에서 유기화합물의 조성과 함량을 측정할 수 있는 가스크로마토그래프/질량분광기(GCMS)가 실려 있었다.

미국 캘리포니아 주 에임스연구센터(ARC)의 오야마(Vance Oyama)가 개발한 가스 교환 실험은 화성 생명체가 지구 생명체를 닮았고, 만약 화성이 변덕스러운 기후 변화를 겪었다면 그 미생물이 길고 춥고 건조한 시기 동안 휴면에 들어간 후 온화한 조건이 다시 오기를 기다리고 있다는 가정에서 출발한다. 이 실험에서는 시험 상자 속에서 물질대사가 일어나 가스의 구성 변화가 일어나는지를 측정하는 것이다. 먼저 물질대사를 촉진시키기 위해서 지구의 미생물이 소비하는 거의 모든 물질, 즉 아미노산, 퓨린(purine, $C_2H_4N_4$), 피리미딘(pyrimidine), 유기산, 비타민, 광물질 등의 시료 물질에 '닭 수프(chicken soup)'라고 불리는 영양소의 수용성 용액을 첨가한다. 그리고 영양소가 분해되는 것을 막기 위해서 상자의 압력을 주변보다 훨씬 높게 한다. 이어 배양의 여러 단계에서 수소, 산소, 질소, 이산화탄소, 메테인과 같은 물질대사 생산물을 분석하고 비교하기 위해서 상자의 가스 샘플을 GCMS 분석기로 보낸다. 최초의 측정에서는 놀랍게도 기대하였던 것보다 15배나 큰 산소의 최고치를 보였다. 이것은 영양소가 휴면 중인 미생물을 깨어나게 하여 엄청나게 많은 물질대사를 일으킨 결과일 수도 있다. 그러나 시간이 흐르면서 산소의 방출이 느려졌는데, 이것은 토양과 영양소의 물 사이에 강력하지만 짧은 무기물 반응이 일어났다는 것을 의미한다.

미국 BI사의 레빈(Gilbert Levin)이 개발한 표지방출 실험은 화성 토양에 방사성 물질인 탄소 ^{14}C가 첨가된 영양소를 투입한 후 공기 중에 있는 ^{14}C를 측정하여 토양 속의 미생물이 영양소와 물질대사를 일으켰는지 알아내는 실험이다. 만약 미생물이 영양소를 소모한다면 물질대사 중에 이산화탄소나 메테인과 같은 가스를 만들어 그 속의 ^{14}C가 가이거(Geiger) 방사능 계수기에 탐지될 것이다. 가스교환 실험과는 반대로 이 실험은 어느 가스인가를 결정해 주지는 않는다. 영양소의 분무가 토양을 적시도록 상자에 뿌려지고 영양소의 분해를 막고 충분한 압력을 유지하기 위해서 헬륨이 주입되었다. 처음 주입 후 계수가 분당 10,000개로 즉각 올라갔는데, 이는 영양소가 첨가되자마자 대량의 가스가 생겨났음을 의미한다. 그러나 이 증가는 성장을 암시하는 지수적 증가는 아니다. 이러한 결과는 예상된 생물학적 또는 화학적 반응과 일치하지 않는 것이다. 계수가 더 이상 증가하지 않고 수평을 유지하여 방사능 가스의 방출이 정지된 것이 분명해진 후 영양소의 두 번째 주입이 이루어졌다. 만약 최초의 가스 진화가 영양소의 미생물 물질대사에 기인하였다면 두 번째 증가가 일어나야 한다. 그러나 방출률은 분당 8,000으로 갑자기 떨어지고 계수는 수평을 유지하였다. 이것은 미생물이 최초의 향연 후에 종료되었거나 반응이 무기적임을 나타낸다. 이 실험은 두 대의 바이킹에서 모두 수행되었다. 두 번 모두에서 최초의 주입에서는 양성반응이 나왔으나 일주일 후에 이루어진 두 번째 실험에서는 부정적인 결과가 나왔다.

그러나 한참 후인 2012년 4월 남캘리포니아대학교(USC)의 밀러(Miller) 교수가 이끄는 국제 연구진은 바이킹의 표지방출 실험 자료를 수학적으로 다시 분석하여 복잡성을 조사하였다. 생명체는 비생물보다 훨씬 복잡한 시스템을 갖고 있기 때문에 연구진은 순전히 수학적인 관점에서 실험 결과를 분석한 결과 당시 실험에서 잔류 미생물이 발견되었다는 것이다. 연구진은 바이킹 실험 결과의 복잡성이 지구의 생물 데이터와 매우 유사하다는 것을 발견하였다. 이들은 고도의 복잡성이 순전히 물리학적 현상이라기보다는 생명체의 특성에 가까운 것이라고 주장하였다. 이에 대해 비판론자들은 이들의 연구 방식이 검증된 것이 아니라며 결론을 내리기에는 이르다고 지적하였다.

미국 캘리포니아공과대학교의 호로위즈(Norman Horowitz)가 개발한 열분해방출 실험은 광합성을 하는 유기체가 있다면 그것들은 지구에서 식물과 시아노박테리아가 하는 것과 똑같이 탄소 고정 과정을 통하여 일부 탄소를 생물량(biomass)으로 만든다는 가정이다.

먼저 토양을 시험 상자 속에 넣어 봉쇄한 후 공기를 빼내고 ^{14}C의 일산화탄소와 이산화탄소의 혼합물로 대체시킨다. 배양하는 동안 상자에는 화성 표면에서 자외선을 뺀 태양광과 같은 제논아크(xenon arc)가 비추어진다. 며칠간 배양한 후에 가스를 제거하고 미생물이 탄소를 흡수하였는가를 결정하기 위해서 남아 있는 토양을 650℃로 가열한 후 방사능을 측정한다. ^{14}C가 생물량으로 변하였으면 가열하는 동안 증발하였을 것이므로, 방사능 계수기가 이것을 측정하여 생명의 증거로 삼는다는 것이다. 양성 반응이 나타나면 같은 토양을 가열하여 멸균시킨 후 다시 측정한다. 만일 멸균된 샘플에서도 첫 번째와 비슷한 결과를 보인다면 이 반응은 화학적인 것이고, 그 반대로 방사능 물질이 측정되지 않는다면 그것은 생물학적인 증거가 된다.

GCMS는 증기의 성분을 화학적으로 분리하고 그것을 질량분광기에 넣어 각 화학 성분의 분자량을 측정하는 장치이다. 이 기기는 많은 수의 서로 다른 화합물을 분리하여 그 종류를 밝히고 그 양을 측정하는 데 이용된다. GCMS는 화성 토양의 성분을 분석하고, 특히 토양이 가열되었을 때 방출되는 물질을 분석할 수 있으며, 분자를 10억 개당 수 개까지 측정할 수 있지만, 화성 토양에서 유기 분자를 측정하는 데 실패하였다. 유기 물질은 10억 개의 탐지 한계당 수 개였다.

생명체 탐사 실험의 결과는 놀랍고도 흥미로웠다. GCMS, PR, 그리고 GEX는 부정적인 결과를 낳았으나, 유독 표지방출 실험(LR)에서만 긍정적인 결과가 나왔다. LR의 결과가 생명체의 반응이 아니라 토양의 무기화학적 반응 때문에 생겼다고 믿어졌으나, 최근 바이킹의 착륙 지점 부근에서 표면 근처의 얼음이 발견되면서 이 견해가 바뀌고 있다. 일부 과학자들은 아직도 생물 반응으로 생긴 것이라고 믿고 있다. 토양에서는 유기화합물이 발견되지 않았다. 그러나 유기화합물이 탐지되지 않은 지구 남극의 건조 지역에는 바위에 사는 유기체가 있다. 화성은 지구와 달리 오존층이 거의 없어서 표면에서 자외선에 의한 멸균이 일어나지 않고 어떤 유기화합물도 산화시키는 과산화물 같은 반응을 아주 잘 일으키는 화합물이 만들어진다. 후에 피닉스 착륙선이 화성 토양에서 화학적인 과염소산염을 발견하였는데, 이 물질은 강력한 산화제로서 화성 표면에서 어떤 유기 물질도 파괴할 것이다. 만약 이것이 화성에 널리 퍼져 있다면 탄소를 기반으로 하는 유기체가 토양 표면에 남아 있기 힘들 것이다. 화성 토양에 유기분자가 있었더라도 토양 샘플을 가열하는 바이킹의 시험 방법에서는 이러한 유기물이 파괴될 수 있다. 바이킹 착륙선의 결과가 두 착륙 지점의 토양에서 생물의 증거를 찾아내지는 못하였지만 시험 결과와 그 한계성은 아직도 논의 대상이다. 대부분의 천체생물학자들은 바이킹의 실험이 결정적이지 않거나 부정적이라고 결정짓고 있다.

Exploration of Mars and Search for Martian Life

4. 바이킹 이후 2000년까지의 탐사

바이킹이 성공을 거둔 후에도 생명체의 존재를 비롯해서 바이킹이 풀지 못한 여러 가지 의문을 풀기 위하여 화성 탐사가 계속되었다. 1976년부터 2000년까지 10여 대의 우주선이 화성으로 보내졌으나 대부분은 실패로 끝나고 성공한 탐사선은 MGS와 소저너 로버를 실은 마스패스파인더 두 대뿐이다. 그래서 실패는 화성인의 저주 때문이라는 유언비어까지 나돌 정도였다. 그러나 MGS는 최초로 화성 표면 지도를 작성하였고, 소저너 로버는 화성 표면에서 직접 이동 탐사하는 쾌거를 이루었다.

화성 표면 지도를 작성한 MGS호

소련이 1988년에 포보스(Phobos) 1호와 2호, 그리고 미국이 1992년에 마스옵서버(Mars Observer)를 발사하였으나 연달아 실패하였다. 그러다가 마침내 1996년 11월 7일 NASA가 발사한 궤도선인 화성글로벌측량선 MGS(Mars Global Surveyor)가 화성 주위 궤도를 돌면서 화성을 전체 규모로 탐사하는 데 성공하였다.

무게 1,060킬로그램으로 궤도 카메라를 비롯해서 여섯 가지의 실험 장치를 갖춘 MGS는 우주 공간에 진입한 후 두 개의 태양전지판 중 하나가 완전히 펴지지 않아 실패하는 것이 아닌가 하는 우려를 낳기도 하였다. 그러나 이 우주선은 일부 전력 손실의 문제를 해결하고, 1997년 9월 11일에 역추진 로켓을 점화하여 화성 궤도에 진입하였다. MGS는 그 후 화성 대기를 제동장치로 사용하여 서서히 궤도를 줄여나가서 화성 표면으로부터의 평균 고도가 378킬로미터가 되도록 만들었다. 이 고도에서 MGS는 화성을 거의 완벽한 원형 극궤도인 궤도경사도 93°로 두 시간마다 한 바

MGS호

퀴씩 돌면서 화성 전체 표면을 관측할 수 있었다.

MGS에는 사진 촬영을 위한 화성궤도카메라(MOC), 궤도의 고도를 측정하는 궤도레이저고도계(MOLA), 물질이 방출하는 적외선과 가시광선을 관측하여 성분을 알아내는 열방출분광기(TES), 자기장을 측정하는 자기계/전자반사계(AG/ER) 등이 실려 있었다.

MGS는 화성 표면 전체에 걸쳐서 여러 가지 지형의 고해상도 영상 24만 개를 보내오는 데 성공하였다. 영상들은 날씨와 바람이 만든 지형과 모래 언덕, 수억 년 전에 물이 흘렀던 증거인 협곡들을 보여 주었다. 지각의 두께는 10킬로미터 이상이고, 북반구에도 남반구만큼 크레이터가 많으나 대부분 땅속에 묻혔고, 화성 전체에 화산으로 생긴 암석이 덮고 있음을 알아냈다. 남극관에는 마치 치즈의 구멍과 같이 수 미터 깊이의 구멍들이 있는데 이것들이 매년 더 커지고 있어 화성에서도 온난화가 일어나고 있음을 암시하고 있다. MGS는 2001년 태양에서 방출된 태양 플레어(flare)의 강력한 복사가 지구에서와 같이 화성에서도 상층 대기권에 영향을 주고 있음을 밝혀냈다.

MGS가 1997년부터 2006년 수명을 다할 때까지 화성을 돌며 찍은 사진을 비교 분석한 결과 화성 남반구의 크레이터 두 곳에서 특이한 변화가 포착되었다. 크레이터 벽면에 액체가 새어나와 경사면을 따라 흘러내리면서 수백 미터에 이르는 흔적을 남기고 있다. 테라 시레눔(Terra Sirenum)과 센타우리 몬테스(Centauri Montes) 지역 크레이터에서는 서북쪽 벽에 전에는 보이지 않던 뭔가가 새어 나온 흔적이 나타났다. -100~-8℃를 오르내리는 화성 지표면은 얼어붙은 상태이지만 대기층이 극도로 얇아 태양의 열기로 지표면에 새어나온 얼음은 곧 끓어 증발한다. 엷은 색조의 긴 띠가 크레이터의 지형을 따라 이어지는 것으로 보아 액체가 흐른 흔적으로 추정되고, 크레이터마다 수영장 5~10개 분량의 물이 새어 나와 흘러내리다 증발한 것으로 분석되었다. 그러나 이것이 반드시 물에 의한 것은 아닐 수도 있으며, 모래나 먼지가 액체처럼 흘러 비슷한 결과를 낳았을 수 있다는 의구심도 일었다.

MGS는 2001년에 계획된 임무를 마쳤지만 2006년까지 활동을 계속하다가 그해 11월 2일 보내는 신호에 반응을 하지 않았고, 이에 복구 노력을 하였으나 성공하지 못하여 2007년 1월 NASA가 공식적으로 MGS의 임무 종결을 선언하였다.

마스패스파인더호와 최초의 로버인 소저너호

1990년대 초 NASA는 '더 빠르고, 더 좋고, 더 값싼' 우주선을 개발할 수 있다는 것을 보여 주기 위해서 마스패스파인더(Mars Pathfinder)라고 이름 붙여진 우주선을 계획하였다. 마스패스파인더의 등 위에는 소저너(Sojourner)라는 로버, 즉 작은 이동 표면 탐사선이 업혀져 있었는데 이는 경비를 줄이기 위한 새로운 프로그램인 '소형 로버 비행 실험(MFE)'이라는 기술을 적용해서 만든 것이다. 바이킹 우주선 경비의 5분의 1에 불과한 2억 8,000만 달러의 경비가 든 이 우주선은 NASA가 요즈음도 주력하는 저비용 우주개발의 개척자이다.

소저너를 실은 마스패스파인더는 MGS가 발사된 지 한 달 남짓 후인 1996

소저너 로버와 바위

년 12월 4일 발사되어 열 보호막으로 보호받으면서 화성 대기로 직접 돌진하였다. 11미터 지름의 낙하산을 달고 낙하한 후, 착륙선과 소저너는 거대한 에어백을 달고 1997년 7월 4일 현지시간 새벽 02:56:55h에 속도 14 m/s로 표면에 떨어졌다. 충돌 후 착륙선은 15.7미터 높이로 튀어 올랐고, 그 후에도 15번을 튀어 오른 후에 멈추어 섰다. 착륙선과 로버인 소저너의 무게는 각각 264킬로그램과 10.5킬로그램이었다.

마스패스파인더는 바이킹 1호의 착륙 지점에서 가까운 북반구의 크리세 평원 내 아레스 협곡(Ares Valles)인 좌표 33.52°W, 19.30°N에 착륙하였는데, 이 지점이 선정된 이유는 이곳이 고대에 있었던 홍수로 형성된 평원이고, 재난 수준의 홍수가 일어나는 동안 쌓인 여러 종류의 암석이 널려 있는 화성에서 가장 돌이 많은 지역이기 때문이었다. 화성은 한때 따뜻하고 물이 많았으며 지금보다 훨씬 더 두터운 대기를 가지고 있었음을 암시하는 여러 개의 지류를 가진 건조한 강바닥을 보여 준다.

마스패스파인더호가 찍은 파노라마 사진

착륙선이 표면에 착륙한 후 화성의 날짜로 이틀이 지난 2솔(Sol)에 헬륨 풍선에서 공기가 빠져나가면서 화성의 환경에 노출되자 마스패스파인더에서 굴러 내려가서 컴퓨터의 조종에 따라 탐사를 시작하였다. 소저너는 길이 65센티미터, 너비 48센티미터, 높이 30센티미터의 바퀴가 여섯 개 달렸으며, 태양의 힘으로 움직인다.

착륙선은 자기계와 풍속계를 갖춘 촬영기(IMP)와 대기구조기기/기상관측기(ASI/MET) 패키지를 싣고 토양의 자기 특성과 바람 방향, 그리고 대기와 기상 상태를 측정하였다. 로버인 소저너는 물질의 성분을 알아내는 알파 양성자 X선 분광기(APXS)와 3대의 CCD 카메라 등을 갖추고 짧은 거리를 이동하면서 암석과 토양의 성분을 분석하는 작업을 시작하였다. 마스패스파인더에 실린 카메라가 사진을 찍는 동안 소저너는 착륙선 주위 12미터 내에서 총 100미터 거리를 최고

속도 1cm/s로 시계 방향으로 움직이면서 탐사하였다. 착륙선에는 1997년 바로 전해에 사망한 미국의 유명한 행성천문학자이면서 저술가인 세이건(Carl Sagan)을 기념하기 위하여 그의 이름을 따서 '세이건기념정거장(Sagan Memorial Station)'이라는 새 이름을 붙였다.

마스패스파인더 착륙선은 착륙 이후 1만 6,500개의 영상과 대기압, 온도, 풍속에 대한 850만 번의 측정 데이터를 보내왔다. 소저너는 83솔 동안 활동하면서 총 550개의 초 광역 컬러 영상을 보내오고, 16곳에서 암석의 화학적 특성을 분석하고 바람을 측정하였다. 이 영상에는 암석, 초승달 모양의 모래언덕, 충돌 크레이터의 가장자리 등이 흔하게 보였다.

또한 착륙선은 태양에서의 거리가 다른 여러 곳에서 여러 가지 복합 영상을 찍어서 분홍색 연무(pink haze) 내 입자들의 크기를 구하였다. 크기는 반지름이 약

1마이크로미터이었다. 일부 토양의 색깔은 철수산화물(oxyhydroxide)의 색깔과 비슷하였는데 이는 과거에 기후가 더 따뜻하고 습기가 많았음을 암시한다. 공중에 떠 있는 먼지는 순수한 자철석이나 마그헤마이트(maghemite)의 어느 한 종류도 포함하고 있지 않았다. 먼지는 아마도 산화철(Fe_2O_3)을 포함한 복합체인 것으로 생각되고 있다.

소저너에 실린 분광기 APXS가 알파 입자(헬륨의 핵)를 암석에 조사(照查)해서 분석한 바에 따르면 암석들은 바이킹 1호와 2호가 본 것과 비슷한 현무암과 화산작용으로 생긴 안산암(安山巖)이었다. 이로써 화성에는 과거에 화산활동이 있었음을 다시 확인시켜 주었다. 화성의 암석들은 녹은 후 다시 형성되었다. 조사된 암석은 지구에서 발견된 고대 화성 생명체의 작은 화석이 들어 있다고 생각되는 '화성 운석'과는 암석 화학 성분이 다른 것으로 발견되었다. 그래서 이제 화성 생명체 화석 여부를 떠나서 이 운석들이 실제로 화성에서 온 것들인지에 의문을 제기하게 되었다. 일부 암석은 아마도 홍수로 퇴적된 것으로 보이고 일부는 암석 표면에 풍화작용으로 생긴 흔적이 있다. 그리고 대부분의 암석들이 높은 함량의 규소를 가지고 있었다. 측정된 온도는 약 10℃로 높았고, 바위를 깎이게 하고 작은 모래 언덕을 형성하는 먼지폭풍도 자주 일어났다.

1997년 9월 27일에 패스파인더의 배터리가 밤의 낮은 온도에 얼어붙으면서 착륙선은 작동을 멈추었고 이로써 통신 중계가 중단된 소저너와의 교신도 끊어졌다.

실패한 탐사선들

화성 탐사 초기에 거듭되었던 탐사 실패는 1980년대에 들어와서도 이어졌다. 인간의 화성 탐사를 화성인들이 방해하고 있다거나 화성을 상징하는 '전쟁의 신'이 인간의 접근을 막고 있다는 말이 나올 정도로 다른 어느 행성 탐사와는 비교할 수 없을 만큼 화성 탐사에는 재난이 빈번하였다.

소련은 화성과 화성의 위성 포보스를 탐사하기 위해서 이 위성과 이름이 같은 포보스(Phobos) 1호와 2호를 1988년 7월 7일과 7월 12일에 각각 화성으로 보냈다. 포보스 1호는 발사 두 달 후 화성으로 가는 도중 엔진을 정지하라는 명령을 보내는 사고가 발생하여 지구에서 1,900만 킬로미터의 거리에서 실종되었다. 포보스 2호는 1989년 1월 29일 화성 궤도에 진입하면서 태양-행성 간 공간에 존재하는 매체, 화성, 그리고 포보스에 관한 데이터를 수집하였다. 그러나 그해 3월 27일 포보스 위성에 착륙하기 직전 컴퓨터 고장으로 실종되었다. 무게 2,600킬로그램인 포보스에는 카메라, X선 및 자외선 망원경, 표면에서 방출되는 감마선과 중성자 측정을 위한 X선 및 감마선 분광기, 자기장과 태양풍의 상호작용의 측정을 위한 자기장 측정기, 그리고 그룬트(Grunt) 레이더 실험장치 등이 실려 있었다. 포보스는 위성인 포보스 표면의 화학 원소 구성과 지진계로 포보스의 내부 구조, 그리고 표면의 물리적인 성질 등을 알아낼 예정이었다.

NASA가 1992년 9월 25일 발사한 화성 궤도선 마스옵서버(Mars Observer)는 1993년 8월 24일에 화성에 도착할 예정이었으나 도착 사흘 전인 8월 21일 화성 궤도에 진입할 때 실종되었다. 이 우주선은 화성 궤도를 돌면서 싣고 간 일곱 종류의 기구를 활용해서 화성의 지형 지도 작성, 표면 물질의 화학 조성 규명, 먼지 구름의 이동과 대기 변화의 추적, 자기장 측정 등의 임무를 수행할 예정이었다.

마스옵서버는 1976년 바이킹 1호와 2호가 화성에 연착륙해서 표면 탐사를 한 후 미국 우주선으로서는 17년 만에 붉은 행성인 화성을 다시 방문하는 것이었다. 마스옵서버는 지구를 떠나기 전부터 여러 가지 문제를 일으켰다. 발사될 때에는 허리케인 앤드류가 발사장인 플로리다의 케이프커내버럴을 강타하여 발사가 9일 동안 지연되었고, 지구의 궤도에 진입한 후에는 우주선이 화성을 향해서 추진력을 갖게 하는 상단 로켓과의 통신이 두절되어 제어본부를 긴장시키기도 하였다. 그러나 화성으로의 항진은 순조롭게 이루어져 계획대로 화성에 도착할 것으로 예상되었다.

그러나 도착 사흘 전에 통신이 두절되고 추적도 되지 않아 이 우주선은 우주의 미아가 되어 버렸다. 이 우주선의 통제를 맡아 왔던 미국 제트추진연구소(JPL)의 과학자들은 이 우주선을 찾아내려는 온갖 노력을 하였으나 결국 실패하였다.

무게가 1,018킬로그램, 몸체의 높이 1.1미터, 너비 2.2미터, 깊이 1.6미터인 이 우주선은 카메라, 표면 지형 측정을 위한 레이저 고도계(MOLA), 표면 암석의 광물학적 구성, 구름의 구성 등의 측정을 위한 열방출분광기(TES), 먼지 입자가 방출하는 열적외선과 가시광선의 측정을 위한 압력변조복사계(PMIRR), 표면에서 방출되는 감마선과 중성자 측정을 위한 감마선분광기(GRS), 그리고 자기장과 태양풍의 상호작용의 측정을 위한 자장측정기(MAG/ER) 등을 싣고 있었다.

이 우주선은 화성의 표면, 대기, 그리고 내부를 탐사할 예정으로 금세기 말에 있을 인간의 화성 직접 탐사의 전초 역할을 맡았었다. 10억 달러의 비용이 든 이 우주선은 화성에 관한 여러 가지 의문에 대한 해답을 제공할 수 있을 것으로 기대되었다. 조사팀은 통신 두절의 원인이 처음에 생각한 대로 트랜지스터 하나가 고장을 일으켰기 때문이 아니고 연료가 새어나와 생겼을 가능성이 가장 높다고 결론지었다. 최종적인 조종을 위해서 우주선 연료탱크의 압력을 높일 때 연료가 발화하여 마스옵서버에 구멍을 뚫었는데, 이 때문에 우주선이 걷잡을 수 없을 정도의 회전을 일으켰다는 것이다.

그러나 일부에서는 NASA가 의도적으로 이 우주선과의 통신을 두절시켰다고 주장하면서 항의 시위를 벌이기도 하였다. 이들은 NASA가 화성에서 발견된 외계인의 증거를 은폐하려고 하였다고 주장하였다. NASA가 1976년 바이킹이 촬영한 화성인의 얼굴을 새로 촬영하기가 두려워서 그와 같은 일을 하였다는 것이다. 당시 바이킹이 보내온 사진에는 우울한 스핑크스와 비슷하게 생겼고 크기는 수 킬로미터인 거대한 바위가 화성 표면에 나타나 있었다. 이 바이킹 사진을 컴퓨터로 분석한 몇 사람은 이 얼굴이 자연적으로 생긴 것이 아니라 인위적으로

마스옵서버호

만들어진 것으로서 이는 오래전 화성 문명의 유산이라고 주장하였다.

더 나아가서 심리학자들도 이것이 인공물이라는 데에 동의하고 있다. 그러나 그것이 화성인이 아니라 그것을 보고 있는 사람에 의해서 만들어진 인공물이라는 것이다. 그들에 따르면 사람은 조금만 사람의 형상과 비슷해도 그것을 사람의 얼굴로 보려는 경향을 가지고 있는데 이 그림도 이러한 본능 때문에 사람으로 보이는 것이라는 설명이다.

20개국과 30여 개의 미국 기업이 참여하고 소련이 주도한 국제화성탐사선인 마스 96호는 1996년 11월 16일 소련의 프로톤(Proton) 로켓으로 발사되었으나 초저 지구 궤도에서 실종된 후 지구 대기로 재진입하여 일부는 태평양에, 다른 일부는 남아메리카에 떨어졌다. 마스 96호는 화성의 표면, 대기, 그리고 내부 구조의 진화 역사를 규명할 목적으로 발사되었다. 이 우주선은 궤도선, 표면정거장(surface station), 그리고 지하 2미터까지 침투할 수 있는 표면침투기(surface penetrator)로 이루어졌다. 마스 96호는 프랑스와 독일을 비롯한 여러

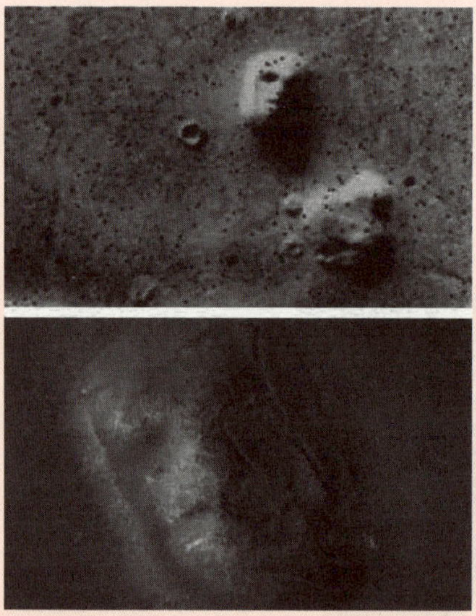

바이킹호가 찍은 스핑크스 모습

유럽 국가들과 미국이 준비한 기기들을 싣고 있었다. 표면 정거장은 높이 1미터, 지름 1미터로 데이터 처리장치, 데이터 송수신 장치, 발전기와 배터리 등을 갖추고 있다. 표면침투기는 땅속으로 5~6미터를 침투해서 토양을 분석할 수 있다.

1997년 마스패스파인더가 성공한 후에도 NASA는 연속적으로 두 번의 실패를 겪었다. 1998년 12월 11일에 발사된 화성기상궤도선 MCO(Mars Climate Orbiter)는 1999년 9월 23일 화성에 도착하여 엔진을 점화하고 궤도에 진입할 때 궤도 각도의 오류로 화성 표면을 향해서 직접 돌진하면서 분해되었다. 이와 같은 일이 벌어진 것은 MCO 우주선 개발에 관여한 두 개의 독립 기관인 NASA와 록히드마틴(Lockheed Martin) 간에 단위의 혼돈이 일어나 궤도 각도 계산이 잘못된 결과이다. 무게가 338킬로그램이고 높이 2.1미터, 폭 1.6미터, 깊이가 2미터인 이 우주선은 대기와 표면에서 방출되는 적외선과 가시광선을 측정하는 압력변조복사계(PMIRR)와 표면과 대기의 모습을 촬영하는 화성색영상기(MCI) 등의 기기로 화성의 기후, 대기, 표면 변화, 물의 분포 등을 측정할 예정이었다.

1999년 1월 3일 NASA는 1억 6,000만 달러를 들여서 화성의 남극 근처인 남극 평원(Planum Australe)의 토양과 기후 측정을 위해서 화성극지착륙선 MPL(Mars Polar Lander)을 발사하였다. 무게 290킬로그램의 이 우주선에는 작은 쌍둥이 화성 표면 침투선인 무게가 각각 2.4킬로그램인 디프스페이스(Deep Space) 2A호와 B호가 실려 있었다. MPL은 같은 해 12월 3일 화성에 도착하여 하강할 때 우주선이 착륙하기 전에 소프트웨어의 오류로 엔진이 부적절하게 정지되어 표면에 충돌, 통신이 두절되었다. 디프스페이스 2A와 B호는 화성 표면 좌표 210°W, 73°S 지점에 빠른 속도로 충돌하여 화성 표면을 약 1미터 깊이까지 침투해서 지하의 물질 조성을 밝힐 예정이었다. MPL은 영상 획득을 위한 스테레오표면영상기(SSI), 대기 중의 에어로졸(aerosol) 측정을 위한 라이더(LIDAR), 그리고 물과 얼음의 양을 측정하는 열진화가스분석기(TEGA) 등을 싣고 있었다. 그러나 MPL은 화성 표면에 착륙 도중 통신이 두절되었다. 그 이유는 제동 분사장치의 엔진이 너무 빨리 꺼졌기 때문인 것으로 밝혀졌다. 이와 같은 사고는 소프트웨어 에러로 밝혀졌는데, 착륙선을 만든 록히드마틴사는 피트나 인치 같은 영국 단위를 쓴 반면, NASA의 제트추진연구소(JPL)는 미터법을 사용해서 프로그램을 만들어서 생긴 일이었다.

일본도 1998년 7월 3일에 화성 대기 탐사선 노조미(Nozomi), 일명 플래닛(Planet) B호를 발사하였다. 이 탐사선은 전기 공급 장치에 문제가 생겨 화성 궤도 진입에 실패하였다. 노조미는 결국 태양 주위 궤도에 진입해서 지구와 화성을 근접 통과한 후 2003년 12월 31일에 통신이 두절되었다. 이 우주선은 화성 상층 대기 및 대기와 태양풍과의 상관관계를 관측할 예정이었다.

Exploration of Mars and Search for Martian Life

5. 2000년대의 우주선 탐사

2000년대에 들어서도 화성 탐사는 계속되었다. 2001년 마스오디세이를 시작으로 화성의 남극을 관측한 마스익스프레스, 쌍둥이 로버인 오퍼튜니티와 스피릿, 상세한 표면 지도를 작성한 MRO, 물을 확인한 피닉스, 그리고 가장 최근인 2011년에 발사되어 현재 화성 표면을 이동 탐사 중인 큐리오시티까지 여러 탐사선들이 생명체와 물을 비롯해서 여러 가지 탐사 작업을 하였거나 지금도 활발하게 탐사 활동을 진행하고 있다.

현재까지 미국, 러시아, 유럽(ESA), 중국, 일본, 인도 등의 국가에서 총 45개의 우주선을 발사하였다(부록 참조). 그러나 성공률은 아주 낮아서 50%에 못 미치는 20여 대만 탐사에 성공하였다. 화성에 보내진 우주선의 수는 60여 대로, 달에 보내진 우주선 다음으로 가장 많다. 현재에도 화성에는 마스오디세이, 마스익스프레스, MRO 등의 탐사선들이 궤도를 돌고 있고, 표면에는 오퍼튜니티와 큐리오시티 로버가 이동 탐사를 하고 있다.

얼음을 발견한 마스오디세이호

NASA는 화성에 과거나 현재에 물이 존재하였다는 증거와 화산 활동을 탐사하기 위해서 약 3억 달러의 비용을 들여 화성 궤도선인 2001 마스오디세이(Mars Odyssey)를 2001년 4월 7일 발사하였다. 마스오디세이가 획득한 데이터는 화성에 생명체가 과거에 존재하였거나 현재 존재하는지에 관한 의문을 푸는 데 도움을 줄 수 있을 것으로 생각되었다. 이 우주선의 초기 이름은 마스서베이어(Mars

마스오디세이호

Surveyor) 2001이었으나 발사된 후에 유명한 과학 소설가이며 우주 예언자인 클라크(Arthur Clarke)를 기념하기 위하여 그의 소설 『2001 : A Space Odyssey』의 이름을 따서 '2001 마스오디세이'로 이름을 바꾸었다.

마스오디세이는 2001년 10월 24일 02:30UTC에 화성 궤도에 진입하였다. 이 우주선은 궤도에서 화성의 대기를 이용해서 속도를 줄여나가 화성 표면에서 약 400킬로미터의 거리까지 접근해서 관측하였다. 2002년 2월 19일부터는 화성의 과학 관측과 지도의 작성을 시작하였다. 마스오디세이에는 화성 표면의 열과 광물질 분포를 알아내는 열방출영상장치(THEMIS), 표면의 광물질과 물의 분포를 알아내는 감마선분광기(GRS), 복사환경을 조사하는 화성복사환경실험장치(MARIE) 등이 실려 있었다.

마스오디세이는 화성 표면과 표면 아래에 포함된 화학성분과 광물, 특히 수소의 양과 분포의 지도를 그렸다. 얕은 지하에 물이 얼음 형태로 존재할 가능성이 가장 높으므로 수소를 통해서 물의 존재를 확인하려는 것이었다. THEMIS와 GRS가 탐지에 사용되었는데, GRS는 아주 춥고 얼음이 많은 영역에 수소가 많은 영역이 존재하는 것을 확인하였다. 높은 수소 함량과 얼음 영역과의 상관관계는 수소가 얼음의 형태로 존재함을 의미한다. 얼음이 많은 층은 남반구 위도 60° 표면 아래 약 60센티미터에 있고 남반구 75°에는 표면에서 약 30센티미터 아래에 광범위하게 분포되어 있었다. 발견된 물의 양은 미국의 미시건 호수를 두 번 채우고도 남을 양이었다. 물은 앞으로 사람이 화성을 직접 탐험하거나 장기 체류할 때 절대적으로 필요한 물질이다. 그래서 이번 발견은 미래에 인간이 화성에서 물을 충분히 공급받고 물에서 뽑아낸 수소를 지구로 돌아오는 우주선의 연료로 사용할 수 있게 하는 등의 희망적인 결과이다.

마스오디세이는 화성에 생명이 있는지와 기후와 지질 특성을 알아내고 인간의 직접 탐사를 준비하는 일도 하였다. 또한 화성 방사능 환경 실험을 하고 미래의 화성 비행 임무를 위한 통신 중계기 역할도 하였다. 현재도 화성 표면을 탐사 중인 큐리오시티와의 통신을 중계하고 있다. 오디세이는 아리스 화산(Aris Mons)의 측면에 입구를 둔 일곱 개의 동굴도 발견하였다. 이 우주선은 현재도 활동 중으로 화성에서 가장 오랜 기간 활동하는 우주선으로 기록되어 있다.

메테인을 발견한 마스익스프레스호

유럽우주국 ESA는 그들 최초의 행성 탐사선인 마스익스프레스(Mars Express)를 2003년 6월 2일 카자흐스탄의 바이코누르(Baikkonur) 발사장에서 발사하였다. 이 우주선은 4억 킬로미터를 날아서 같은 해 12월 25일 250×150,000킬로미터의 높은 타원형으로 궤도 경사가 25°인 화성 궤도에 진입하였다. 이 우주선은 화성이 6만 년 만에 지구에 가장 가까이 접근하였을 때 발사하여 최단거리 비행으로 화성에 도달할 수 있었다. 100일 후에 궤도는 298×10,107킬로미터, 주기 6.7h로 조정되었다.

이 우주선은 궤도선과 영국이 만든 비글(Beagle) 2호라는 착륙선으로 이루어졌다. 궤도선은 궤도에서 고해상도로 표면을 관측하고, 표면의 광물학적인 지도 작성과 원시 미생물의 존재를 암시하는 대기 중 메테인의 존재 증거를 찾아내는 임무를 띠었다. 비글 2호는 화성 표면에 착륙하여 생물학적인 활동의 증거를 찾기 위해서 가스크로모토그래프/질량분광기(GCMS)를 사용하여 현장 분석을 하고 기후를 관측하였다. 또한 두더지와 같은 역할을 하는 작은 기기가 큰 암석 아래 표면 속으로 구멍을 파고 암석 내에서 표본을 수집하여 유기 물질의 증거를 찾는 분석을 하도록 하였다.

비글 2호는 2003년 12월 19일 08:31UTC에 모선에서 분리되어 25일 아침에 화성 대기로 진입하였으나 하강하는 도중 통신이 두절되었다. 반면 모선인 궤도선은 고해상도 스테레오카메라(HRSC), 가시광선과 적외선 광물분포도 작성을 위한 광물지도분광기(OMEGA), 대기 분석을 위한 자외선과 적외선 대기분광기(SPICAM), 그리고 지하의 물 탐사를 위한 지하사운딩레이더고도계(SSSRA) 등의 기기로 궤도에서 표면을 고해상도로 촬영하고, 표면의 광물학적 지도를 그리며, 지하의 구조를 알아내고, 대기를 분석하는 등의 임무를 성공적으로 수행하였다.

마스익스프레스는 2004년에 남극에서 얼음을 발견하였고, 극관이 85%의 이산화탄소의 얼음(드라이아이스)과 15%의 물의 얼음으로 이루어져 있는 것을 알아냈다. 또한 2007년 12월에는 화성 북극 근처의 한 분화구 바닥에서 현재 활동 중인 것으로 추측되는 빙하를 발견하였다. 분화구의 크기는 지름이 35킬로미터, 최대 깊이가 약 2킬로미터에 달하였다. 이 빙하는 지난 10만~1만 년 동안 땅속에서 물이 솟아올라 빙하 위에서 물이 계속 얼어붙어 생겼을 것으로 믿어진다. 또한 마스익스프레스는 남반구 고원지대 산맥의 산등성이와 크레이터 바닥이 이산화탄소 서리로 덮인 겨울 모습을 보여 주는 고해상도의 영상도 보내왔다. 이 지역은 화성에서 두 번째로 큰 아르기레(Argyre) 충돌 분지의 남쪽 끝 주위

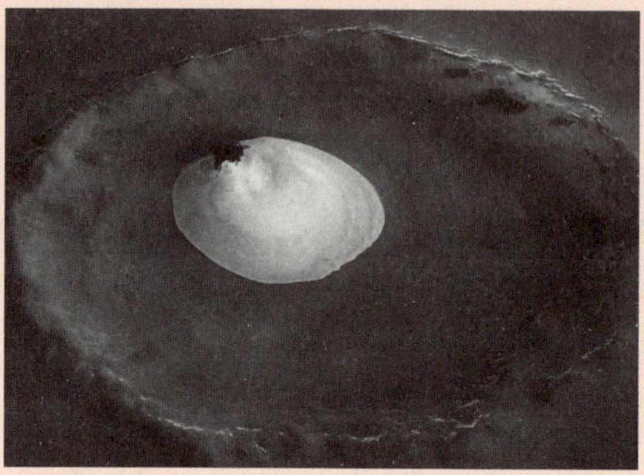

마스익스프레스호가 찍은 얼음

근처 길이가 거의 1,000킬로미터에 이르는 험한 산악 지역인 차리텀 산(Charitum Montes)의 일부이다. 이산화탄소의 서리는 계절에 따라 밝게 나타난다. 이 영상에는 산악 지역이 여러 개의 큰 크레이터로 구멍이 나 있으며 크레이터들은 두터운 퇴적물로 채워져 있었다. 또 이 영상에는 충돌로 방출된 물질 주위로 더 높은 지형을 형성해서 만들어진 여러 개의 작은 크레이터가 나타나 있다.

마스익스프레스는 2004년 대기에서 처음으로 소량의 메테인과 암모니아를 발견하고, 2005년에는 폼알데하이드 분자를 탐지하였다. 메테인의 양은 대기의 1억 분의 1 정도로 적지만, 메테인은 대기에서 빠르게 사라지므로 이를 보충해 주는 메커니즘이 존재해야 한다. 그래서 과학자들은 이것이 생물에서 나오는 것이 아닐까 하여 관심을 끌었고 화성 생명체 존재에 대한 가능성을 높여 주었다. 마스익스프레스는 2014년까지 활동을 계속할 예정이다.

쌍둥이 로버 스피릿과 오퍼튜니티호

NASA는 화성 표면을 이동하면서 탐사할 수 있는 고성능의 쌍둥이 화성 탐사 로버(MER)인 머-A 스피릿(MER-A Spirit)과 머-B 오퍼튜니티(MER-B Opportunity) 두 대를 2003년 6월 10일과 7월 7일에 각각 발사하였다. 스피릿은 2004년 1월 4일에, 그리고 오퍼튜니티는 1월 25일에 화성 표면 반대쪽에 각각 안착하였다.

스피릿은 고도 7킬로미터에서 지름 15미터의 낙하산을 폈고, 284미터의 고도에서는 여섯 개로 이루어진 에어백을 부풀렸다. 그리고 고도 100미터에서 세 개의 역추진 로켓을 점화하여 서서히 착륙하였다. 이 과정에서 스피릿은 높이 15미터까지 튀어 오르기도 하였다. 착륙 후 에어백에서 공기가 빠지면서 스피릿 로버가 움직이기 시작하였다.

쌍둥이 모양의 이 로버들은 무게 185킬로그램, 높이 1.5미터, 폭 2.3미터, 길이 1.6미터이고 여섯 개의 바퀴가 있다. 이 로버들에는 암석과 토양을 분석하고 물의 흔적을 찾아내기 위한 다양한 기기들이 실려 있었다. 지형을 촬영하는 파노라마 카메라(Pancam), 움직이는 데 길라잡이를 하는 내비게이션 카메라(Navcam), 암석과 토양을 분석하고 영상을 얻는 데 필요한 소형열방출분광기(Mini-TES)와 메스바우어분광기(Mimos II), 암석과 토양의 원소를 분석하는 알파입자 X선 분광기(APXS), 암석과 토양의 근접 사진을 찍는 마이크로영상기(MI) 등이 갖추어져 있었다.

이 로버들은 고해상도 영상을 촬영하고 암석과 토양을 분석해서 과거 물의 흔적을 분석하였으며, 생명체가 서식할 만한 환경을 가졌는지를 조사하였다. 이

스피릿 로버의 모습

탐사선들은 원래 90솔 동안 화성을 탐사하기 위해서 제작되었으나 모두 당초 계획된 기간의 수십 배에 해당하는 기간 동안 활동하였다. 오퍼튜니티는 현재까지도 왕성한 활동을 벌이고 있다.

이 로봇 탐사선들은 지금까지 수십만 장의 칼라 영상을 보내왔다. 과거에 물이 흘렀거나 호수였을 것으로 짐작되는 남반구의 충돌 크레이터 구세프(Gusev)에 착륙한 스피릿은 계획된 600미터보다 훨씬 긴 7.73킬로미터를 이동하면서 이 크레이터 근처에서 탐사 활동을 벌였다. 그리고 메스바우어분광기가를 통해 감람석이 먼지의 성분으로 표면에 널리 퍼져 있음을 알아냈다. 또한 그곳에는 규소과 철이 풍부하고 그보다 적은 양의 칼슘, 황, 염소, 니켈 등도 있었다.

스피릿은 32솔에 애디론댁(Adirondack)이라고 이름 붙여진 축구공만한 암석에

2.7밀리미터 깊이의 구멍을 뚫어서 성분을 분석하였다. 이 암석은 화산으로 생성된 것으로 밝혀졌다. 구세프에 있는 암석들은 대부분 현무암이었다. 암석에는 감람석, 휘석, 사장석, 자철석이 포함되어 있었는데, 이것들은 불규칙한 구멍을 가진 고운 입자의 화산 현무암인 것으로 나타났다. 암석들은 물에 의해서 영향을 받은 것으로 보이기는 하지만 물의 양은 많지 않았던 것으로 여겨진다. 이곳의 토양은 암석이 부서져서 만들어졌다.

스피릿이 서 있는 언덕 아래쪽으로 소용돌이 바람이 먼지를 일으키며 지나가고 있는 먼지폭풍의 모습도 관찰하였다. 구세프 내에 있는 컬럼비아 언덕(Columbia Hills)에서는 물에 의해서만 형성될 수 있는 침철광을 발견하여 이곳에 과거 물이 존재하였다는 최초의 직접적인 증거를 제시하였다. 먼 옛날에는 구세

스피릿 로버의 움직인 자국

프 평원에 호수가 있었지만 지금은 화성암 물질로 덮여 버린 것으로 보인다.

스피릿은 2009년 5월 부드러운 토양의 모래 언덕에 빠져서 움직이지 못하게 되었는데, NASA는 이 로버를 빼어 내려고 온갖 방법을 다 써 보았지만 결국은 실패하고 말았다. 그 후 스피릿은 한곳에만 머물면서 탐사를 계속하였다. 그러나 2010년 3월 22일 통신이 두절되면서 스피릿의 임무는 종료되었으며, 이로써 스피릿은 화성에 착륙한 이후 2,623솔 동안 활동한 우주선이 되었다.

쌍둥이인 오퍼튜니티는 스피릿과는 반대 방향인 황무지로 불릴 정도로 먼지로 뒤덮인 메리디아니 평원(Meridiani Planum)에 스피릿보다 3주 늦은 2004년 1월 25일에 착륙하였다. 오퍼튜니티는 계획되었던 90솔 동안 하루 100미터씩 느린 속도로 총 30킬로미터를 이동하여 착륙 지점인 이글(Eagle) 크레이터를 비롯해서 엔듀어런스(Endurance), 에레버스(Erebus), 빅토리아(Victoria) 크레이터를 탐사하면서

오퍼튜니티 로버의 착륙 장면

운석공의 내부를 비롯해서 여러 지형의 암석과 토양을 조사하였다.

오퍼튜니티는 수백만 년 전 화성이 얕은 물로 덮여 있었다는 강력한 증거를 발견하였다. 토양에는 많은 양의 소금과 인이 포함되어 있었고, 화성 크레이터에서 수분을 함유한 암석이 발견되었다. 오퍼튜니티는 바퀴로 토양을 파내어 폭 50센티미터, 깊이 10센티미터의 웅덩이도 만들었다. 2004년 5월에는 미끄러운 모래 언덕에 빠져서 5주 동안 꼼짝 못하기도 하였으나 NASA의 조종으로 마침내 그곳을 빠져나오는 시련을 겪기도 하였다. 2005년에는 지구 이외의 행성에서는 최초로 운석을 발견하였다.

오퍼튜니티 로버는 2004년 '블루베리(blueberry)'라고 불리는 특이한 모양의 철이 풍부한 소 구립체(spherules)를 발견하였다. 이것들은 암석 내 광물이 풍부한 물의 작용으로 응결되어 만들어진 결핵체로서 화성이 탄생 초기에 수분이 많은 환경을 가졌던 것을 입증하고 있다. 이것은 화성에 생명체가 존재하였을 가능성을 높여 주는 증거가 될 수 있다. 일부 과학자들은 '블루베리'는 미생물에 의해 형성된 것이 확실하다고 주장하고 있다. 이와 형태가 유사한 지구의 구립체를 조사하였더니 박테리아와 사이즈나 모양이 비슷한 미세 구조가 들어 있었다는 설명이다.

2007년 오퍼튜니티는 착륙 지점 근처에서 과거의 열수시스템(hydrothermal system)의 강력한 증거를 발견하였다. 2011년에는 엔디버(Endeavour) 크레이터의 가장자리를 따라 탐사하는 동안 가는 석고의 광맥을 발견하였다. 이것은 암석에 금이 갔고 그 틈으로 물이 흘러 석고가 물에서 응결한 것으로 해석된다.

물이 있어야 형성되는 점토질 성분이 화성 표면에 생각보다 많은 것으로 밝혀졌는데, 오퍼튜니티가 이글 크레이터에 착륙하였을 때 조사한 암석 중 일부에 진흙 성분이 들어 있었다. 메리디아니 평원에도 진흙이 있었다. 엔디버 크레이터 가장자리에 있는 오래된 암석인 에스페란스(Esperance)에서도 진흙 광물을 발견하였는데, 이것은 한때 이 지역에 중성의 pH(수소 이온 농도) 물이 흘렀음을 의미한다. 이 물은 마실 수 있을 정도로 연한 것으로 판명되었다. 이 물의 산성도는 생물 발생 이전의 화학이 아마도 생명의 기원을 이끌 수 있는 종류로서 생명체 발생이 가능하였음을 암시하고 있다. 이는 과거 화성이 생명체가 살 수 있는 조건을 가졌었음을 의미한다. 이러한 물이 화성 역사에서 최초의 1억 년 동안 이 지역에서 흘러 진흙을 만들었던 것으로 보인다.

과거에는 점토 성분이 더 많았을 수도 있었겠지만 화산 활동에 따른 산성 환경으로 인해 일부가 사라졌을 가능성이 크다. 지금까지는 화성의 물이 보다 알칼리성을 띠었던 초기에 점토가 형성되었으나, 이후 화산활동으로 물이 산성화하면서 화성 대부분 지역을 덮고 있던 수성 변질 광물들이 황화물로 바뀐 것으로 생각되어 왔다. 또한 황화물보다 지질학적으로 젊은 토양에서 점토가 발견된 것은 놀라운 일로 여겨지고 있다. 새로운 발견에 따라 화성에 존재하였던 물의 역사에 대한 기존 가설을 재고해야 하였다. 메리디아니 평원에서는 마그네슘 황산염과 칼슘 황산염도 발견하였다.

오퍼튜니티는 2012년 팔에 달려 있는 X선 분광기(APXS)로 새로운 미지의 구형 물체들을 촬영한 영상을 보내왔다. 과학자들은 바로 이 물질의 정체 파악에 나섰는데, 노두(outcrop, 광맥 · 암석 등의 노출부)에 집중적으로 몰려 있는 이 물체는 지난 2004년 오퍼튜니티가 착륙 지점에서 처음 발견하였고, 이후 다른 곳에서도 계속 발견된 블루베리 구립체와는 여러 면에서 다른 것으로 밝혀졌다. 엔디버 크레이터의 서쪽 가장자리에 있는 커크우드(Kirkwood) 노두에서 발견된 이들 구립체는 지름 3.1밀리미터 정도의 크기이며, 1차 분석 결과 블루베리처럼 많은 철분을 함유하지 않은 것으로 나타났다. 새로 발견된 구립체는 겉은 바삭하고, 속은 부드러운 것처럼 보였다. 이 구립체들은 철분이 블루베리보다 훨씬 적고 밀도와 구조, 조성, 분포 면에서 블루베리와는 다른 새로운 물질이다.

오퍼튜니티는 계획된 수명보다 거의 35배나 긴 기간인 9년 동안 활동을 하고 있다. 3,000솔이 지난 2013년 6월에 36.61킬로미터의 주행 기록을 세우고 있으며, 현재도 이동 탐사를 벌이고 있다.

상세한 표면 모습을 밝힌 MRO호

2005년 8월 10일 NASA는 화성의 상세한 지도 작성을 위해서 스파이 위성과 같은 능력을 가진 화성정찰궤도선 MRO(Mars Reconnaissance Orbiter)를 발사하였다. 이 우주선은 이전의 궤도선들이 탐지한 물의 아리송한 힌트를 확인하는 노력으로 20미터의 해상도로 지도를 그리게 계획되었다.

7억 2,000만 달러의 비용이 들어간 이 우주선은 무게가 2,180킬로그램이고 고해상도 영상 촬영을 위한 하이라이즈(HiRISE) 카메라, 화성 대기와 대기 먼지를 분석하는 화성정찰영상분광기(CRISM), 화성기후측심기(MCS), 지하투시레이더(SHARAD) 등의 장비를 장착하고 발사 7개월 뒤인 2006년 3월 10일에 화성 궤

MRO호

도에 진입하였다.

MRO는 화성 표면에서 약 300킬로미터 상공을 타원 궤도로 선회하면서 미래에 보내질 탐사선의 착륙 지점을 탐색하고, 표면 지형, 단층, 층위(stratigraphy), 광물, 날씨 변화를 조사하며, 액체 상태의 물을 탐색하고 고해상도 지도를 만들기 위한 작업을 하였다. MRO가 찍은 사진 영상에는 크기가 90센티미터의 물체도 분간할 수 있었다.

MRO는 화성 일부 지역에서 탄산염 성분을 발견하였다. 탄산염이 발견된 장소는 이시디스(Isidis) 운석공 가장자리 지역, 침식된 암구대의 일부 측면, 운석공 내부의 퇴적암, 이 운석공의 분수령에 있는 계곡의 드러난 측면 암석 등이다. 복잡한 지형의 테라 티레나(Terra Tyrrhena)와 리비아 산맥(Libya Montes)에서도 탄산염의 흔적이 발견되었다. 탄산염은 생명체가 살 수 없는 조건에서는 존재하지 못하는 것으로 탄산염이 발견되었다는 것은 화성의 과거 환경이 생각보다 혹독하지 않았음을 시사하는 것이다. 한때는 화성 표면에 물이 많아 진흙 성분이 많이 함유된 광물질이 형성되었지만, 그 후 점점 건조해지면서 소금기 많은 산성물이 화성 표면 대부분에 영향을 미쳐 생명체가 생존할 수 없었을 것으로 밝혀지고 있다.

거대한 맥로린(McLaughlin) 크레이터의 MRO 영상은 표면 아래 틈새에 물이 숨어 있음을 암시하는데, 이는 한때 그곳에 생명체가 살았고 현재도 살고 있을지도 모른다는 것을 말해 준다. 고대의 단순한 생명체가 살아가기에 가장 좋은 서식지는 물이 숨어 있는 지하일 것이다. 지하에서는 지상에서 일어나는 외부적인 변화를 겪지 않아도 되므로 생명체가 지상보다는 더 안전하고 살아남기 쉽다. 폭이 약 92킬로미터이고 2.2킬로미터로 깊은 이 크레이터로 과거에 물이 흘러들어간 것으로 보인다. 오늘날 이 크레이터는 건조한 상태이

MRO호가 찍은 물이 흐른 자국

지만 과거에 이 지역이 액체의 물로 채워졌었다는 증거가 되는 진흙 광물질과 다른 증거가 발견되었다. 이러한 관측은 호수 내에서 탄산염 형성의 가장 좋은 증거를 제공한다.

화성의 표면 중력은 지구의 3분의 1이 조금 넘는다. 그래서 지각의 밀도가 지구보다 낮고 더 다공질(多孔質)이다. 이는 더 많은 물이 지하로 스며들 수 있다는 것을 의미한다. 맥로린 크레이터 바닥의 광물 조성은 솟아오른 지하수로 이루어진 호수가 있었다는 것을 암시한다. 이 호수는 37~40억 년 전에 존재하였던 호수이다. 그렇다면 이곳의 물질은 가장 오래된 지구의 암석과 나이가 비슷하거나 더 오래된 것이다.

MRO가 촬영한 사진에는 화성의 적도 지대에도 지름 최대 20킬로미터의 호수 바닥 흔적이 보이는데 이 호수들은 약 30억 년 전 화산 활동에 의해 생긴 것으로 밝혀졌다. 이 호수들이 작은 지류와 강으로 연결되어 있어 물이 이동하여 미생물 서식 환경이 조성되었을 것으로 보인다. 그러나 화성에서는 37~40억 년 전에 대기층이 모두 달아나버려 춥고 건조한 환경으로 변해서 30억 년 전에는 건조한 환경이었을 것으로 생각되어 왔다. 결국 화성은 지금까지 알려진 것보다 훨씬 나중까지 온난다습한 시기가 있었음을 시사하고 있다.

MRO가 보내온 데이터 분석으로 북극에 있는 얼음의 부피가 그린란드의 얼음과 비슷한 82만 1,000세제곱킬로미터이고, 화성 남극 지역 지하에 호수 슈피어리어호 크기의 동결된 이산화탄소, 즉 드라이아이스의 호수가 있다는 것이 알려졌다. 이것은 과거 화성 대기 중의 이산화탄소 농도가 지금보다 30배나 높았다는 것을 의미한다. 지질학적으로 가까운 과거에 화성의 축이 기울어졌을 때는 햇빛이 남극 빙관까지 도달하여 드라이아이스를 일부 녹였을 것이며, 그 결과 대기 밀도가 더욱 높아지고 많은 양의 먼지가 일어 하늘로 솟으면서 심한 먼지폭풍을 일으켰을 것이다. 그 후 시간이 지나면서 이산화탄소는 계절적 순환에 따라 화성 표면에 다시 내려앉았을 것으로 추측되는데 대기 밀도가 높았던 이때 액체 상태의 물이 화성의 여러 지역에 존재하였을 것으로 추측된다. 레이더 장비를 이용하여 바위와 돌 부스러기로 덮여 있는 중위도대의 산맥과 지형을 관찰한 결과, 최고 800미터 두께의 빙하들이 수백 개 발견되었다. 중위도 지역인 헬라스 분지(Hellas Basin)의 빙하는 규모가 극관 지역에 분포된 얼음의 1~10%로 추정된다.

MRO가 보내온 영상을 3D 모델로 합성한 모습에는 뉴턴(Newton) 크레이터 안쪽 경사면에서 봄여름에 액체의 흐름을 나타내는 검은 줄들이 보인다. 이 줄들은 겨울에는 사라졌다가 봄에 다시 나타난다. 짙은 선의 폭은 0.45~4.5미터이고 길이는 최고 수백 미터에 이르는데 지형에 따라서는 줄이 1,000개 이상 보인다. 이 줄은 소금물이 흘러서 생긴 지형일 것으로 추측된다.

고해상도 화성 표면 영상 100여 개를 조사한 결과, 하와이 섬이나 태평양 해저에서 발견된 것과 유사한 모양의 용암 소용돌이, 일명 라바코일(lava coil)이라고 불리는 용암이 흐른 뒤 식으면서 소용돌이 모양으로 굳은 것이 화성의 적도 부근에도 있는 것을 발견하였다. 지구 밖에서 라바코일이 발견된 것은 이번이 처음이다. 이 소용돌이들은 지름이 5~30미터로 총 269개 발견되었다.

하이라이스(HiRISE) 카메라는 북극 극관의 단층 절벽에서 떨어지는 눈사태를 촬영하였다. 2011년에는 표면 또는 표면 밑에 소금물이 흐르고 있다는 것이 발견되었다.

화성의 겨울철 기온은 알코올이 얼어붙을 정도로 낮고, 이에 따라 대기의 주성분인 이산화탄소 가스가 농축된 눈구름이 남 · 북극에서 적도 영역의 절반 정도를 덮는다. 과학자들은 이런 구름이 반사하는 빛의 양을 통해 각 구름의 이산화탄소 농도를 산출하고 양극 지역 상공을 덮고 있는 눈 입자의 총 질량을 계산하였다. 이 모든 정보를 종합하여 연중 여러 시기별로 양극 지역의 구름 속 눈 입자의 크기와 수를 계산한 결과, 북극 지역의 눈 입자 지름은 8~22마이크로미터, 남극의 것은 4~13마이크로미터인 것을 밝혀냈다. 눈 입자는 사람의 적혈구 세포와 크기가 비슷하여 눈이 내려도 우리 눈에는 안개같이 보일 것이다. 화성에는 겨울이면 눈이 내리지만 지구의 눈처럼 얼음 알갱이로 이루어진 크고 소담스러운 눈송이가 아니라 미세한 이산화탄소 입자가 안개처럼 내리는 눈으로 추정된다.

MRO는 이전의 모든 탐사선이 보내온 데이터보다 더 많은 데이터를 전송해 왔다. 화성은 흔히 '불모의 행성', '붉은 사막의 행성'으로 불리지만 60만 년 전에는 지금보다 더욱 메마른 먼지 구덩이였을 것으로 보인다. MRO는 화성 궤도에 진입한 후 7년이 더 지난 현재까지도 궤도를 돌면서 탐사 활동 중으로, 착륙선과 로버를 위한 통신과 내비게이션 시스템으로 활용되고 있다.

혜성 탐사선 로제타와 돈호의 화성 관측

유럽의 ESA는 혜성(67P/Chryumov-Gerasimenko) 탐사를 위해서 2004년 3월 2일 로제타(Rosetta)를 아리안 5 로켓으로 발사하였다. 이 우주선은 혜성 주위 궤도를 도는 궤도선과 혜성에 착륙해서 탐사하는 착륙선으로 이루어져 있다. 로제타는 혜성으로 가는 도중인 2007년 2월 25일 화성을 근접 통과하면서 여러 종류의 사진 필터를 사용해서 화성의 영상을 촬영하여 보내오고 복잡한 화성의 자기(磁氣) 환경을 측정하였다. 로제타는 2014년에 목적지에 도착할 예정이다.

NASA는 왜소행성인 세레스(Ceres)와 두 번째로 큰 소행성인 베스타(Vesta)를 탐사하기 위해서 돈(Dawn) 탐사선을 2007년 9월 27일에 발사하였다. 이 우주선은 2011년 7월 16일 베스타 주위 궤도에 진입하였다가 2012년 9월 5일 베스타를 떠나서 세레스로 향하였는데 베스타로 가는 도중인 2009년 2월 17일에는 화성의 중력에 의한 가속도를 얻기 위해서 화성을 549킬로미터까지 근접 통과하였다. 근접 통과로 이 우주선은 필요한 중력 보조를 얻긴 하였으나 프로그래밍 오류로 기본적인 기능을 제외하고는 모든 것을 정지시키는 안전 모드로 전환되어 데이터 획득에는 실패하였다. 돈 탐사선은 2015년 2월에 세레스에 도착할 예정이다.

물을 확인한 피닉스호

NASA는 일련의 작고 저비용의 로봇 탐사우주선을 화성에 보내는 화성정찰프로그램 MSP를 세웠다. 각 우주선에 드는 비용을 4억 8,500만 달러 이하로 정한 이 프로그램은 피닉스(Phoenix) 착륙선을 2007년에, 그리고 메이븐(MAVEN) 대기 탐사 궤도선을 2013년에 화성으로 보내기로 결정한 후 2010년에 폐기되었다.

화성의 물 존재를 확인하고 생명체가 살아갈 수 있는지를 알아내기 위한 화성 착륙선인 피닉스는 2007년 8월 4일 발사되었다. 이 탐사선은 2008년 5월 25일 화성의 북극 근처 표면에 착륙하였다. 착륙 장소는 북극을 감싸고 있는 평원인

착륙하는 피닉스호

바스티타스 보레알리스(Vastitas Borealis) 지역의 녹색계곡(Green Valley)이라고 이름 붙여진 장소로서 이곳은 극 밖에서 가장 큰 얼음이 모여 있는 곳이기도 하다.

이 우주선은 지구의 92일에 해당하는 90솔 동안 두 가지 임무를 수행하도록 계획되었다. 첫 번째 임무는 과거 기후변화의 내력을 풀어나가는 열쇠인 물의 지질학적인 역사를 밝히는 일이고, 두 번째 임무는 얼음과 토양의 경계 지역에서 생명체의 서식 가능 여부를 알아내는 것이다.

무게 350킬로그램인 이 우주선은 시속 2만 1,000킬로미터의 속도로 화성 대기로 진입하였고, 낙하산을 펴서 속도를 줄인 후 자체 로켓 모터를 작동시켜 시속 8킬로미터로 착륙하였다. 궤도를 돌고 있는 MRO가 피닉스의 착륙 과정을 궤도에서 촬영하여 전송하였는데, 탐사선의 착륙하는 모습을 다른 우주선이 촬영하여 보낸 것은 이것이 처음이다.

피닉스에는 화성 표면 아래 0.5미터까지 파내려갈 수 있는 길이 2.35미터의 팔이 달려 있다. 이 팔로 착륙선의 기기들이 분석할 얼음과 토양의 샘플을 수집한다. 이 탐사선은 표면의 스테레오 모습을 촬영하는 표면스테레오영상기(SSI), 샘플을 가열해서 분석하는 열진화

피닉스호의 토양 굴착 팔

가스분석기(TEGA), 그 외에도 토양을 분석할 현미경, 전기화학과 전도율분석기(MECA) 등을 갖추고 있다.

NASA는 2008년 7월 31일 피닉스가 화성에서 물의 존재를 확인하였다고 발표하였다. 로봇 팔이 화성의 영구 동토층 밑에 있는 토양을 굴착하여 실험실 내 실험기구에서 4일 동안 가열해서 물의 존재를 확인하였다. 또한 피닉스는 화성 토양에서 탄산칼슘을 발견하였는데, 이것은 지질학적인 과거에 토양이 물에 젖어 있었음을 의미한다. 표면 토양에서 과염소산염(ClO_4), 중탄산염, 마그네슘, 나트륨, 포타슘, 칼슘 등과 황산염이 검출되었다.

과거에 바이킹 1호와 2호가 찾아내지 못하였던 탄소 성분의 분자인 과염소산염 성분을 발견한 것은 생명체의 존재를 시사한다. NASA 과학자들은 이에 따라 화성과 환경이 매우 비슷한 것으로 알려진 칠레의 아타카마(Atacama) 사막에서 이런 성분이 어떤 반응을 일으키는지를 관찰하였다. 이들은 사막의 흙을 과염소산염과 섞어 가열하여 나오는 기체에서 이산화탄소와 염화메틸 성분을 검출하였다. 이것은 30여 년 전 바이킹 착륙선들이 화성의 흙을 가열하였을 때 생겼던 기체와 똑같은 것이다. 연구진은 흙 속의 유기화합물이 화학반응에 의해 모두 파괴되었다는 사실도 발견하였다. 이러한 연구 결과는 바이킹 1, 2호의 착륙 지점에 유기물뿐만 아니라 과염소산염도 존재하였을 가능성을 나타내는 것이다. 과염소산염은 만일 화성의 지하에 생물이 있다면 생물이 살아갈 수 있도록 하는데 적절한 물질로, 화학합성자가영양생물(chemoautotrophic) 에너지원의 가능성을 가지고 있다. 이 화학 물질은 광합성이 일어날 수 없는 화성의 표면 아래 어두운 곳에서 미생물을 살아갈 수 있게 해 줄 수 있다. 일부 지구의 미생물은 과염소산염을 식료로 사용하는데, 이러한 일은 화성에서도 일어날 수 있다.

그러나 연구진은 이러한 연구 결과를 토대로 화성에 생명체가 존재하였을 것이라는 결론을 내리는 것은 시기상조이고, 다만 화성의 생명체 존재 증거를 찾는 방식에서 진전을 이룬 것뿐이라고 말한다. 유기물은 생물체나 비생물체에서 모두 검출될 수 있으며, 지구에 떨어지는 많은 운석들에 유기 물질이 들어 있다고 지적하였다. 또한 염소와 산소의 이온인 과염소산염은 수십억 년 동안 화성에 존재하다가 가열되었을 때 비로소 그 존재를 드러내며 흙 속의 모든 유기물을 파괴할 가능성이 있다.

앞에서 바이킹호의 자료를 분석할 때 과학자들은 과염소산염이 우주선 선체 세척제로부터 오염된 것으로 해석하였다. 그러나 NASA가 2011년 11월 발사한 첨단의 새 표면 탐사 로봇 큐리오시티도 과염소산염의 존재를 확인함으로써 이것이 화성 물질일 가능성을 높여 주고 있다.

피닉스가 보낸 영상에는 표면에서 4킬로미터 상공에 떠 있는 구름에서 얼음 결정체로 보이는 것들이 약 2.4킬로미터 상공까지 눈처럼 떨어지다가 도중에 증발되는 모습이 관측되었다. 그러나 화성의 눈이 어떤 성분으로 구성되었는지는 밝혀지지 않았다. 피닉스가 경험한 화성 표면의 온도는 -19.6～-97.7℃였다.

피닉스는 2008년 11월 10일 통신이 두절되었고, 그 후 마스오디세이 궤도선을 통해서 접촉이 시도되었으나 실패하여 2010년 5월 24일에 공식적으로 임무의 종결이 선언되었다.

첨단 로버인 큐리오시티호

NASA는 화성탐사계획(MEP)의 일환으로 화성에 로봇을 보내 탐사하는 임무인 화성과학실험실 MSL 큐리오시티(Curiosity)를 2011년 11월 26일 아틀라스 로켓으로 화성에 쏘아 보냈다. 큐리오시티는 표면을 이동 탐사하는 로버로서, 제작을 시작한 2004년부터 총 25억 달러의 비용이 들어갔다. '호기심'이라는 뜻을 가진 큐리오시티라는 이름의 이 우주선은 가장 야심적이고 과학기술적인 면에서 가장 발전된 첨단 우주선이다.

큐리오시티는 무게가 탐사선들 중 가장 무거운 900킬로그램이고, 크기가 길이 3미터, 폭 2.7미터, 높이 2.2미터이며, 무게 1톤인 움직일 수 있는 여섯 개의 바퀴를 갖추고 있다. 플루토늄 방사선 동위원소로 추진력을 얻는 이 로버는 5

큐리오시티호의 착륙 모습

억 6,700만 킬로미터를 날아 2012년 8월 6일 05:17UTC에 화성의 적도 부근에 있는 지름 약 154킬로그램인 게일(Gale) 크레이터 내 평원인 아에올리스 팔루스(Aeolis Palus)에 착륙하였다.

NASA는 이 착륙 장소를 『화성 연대기(Martian Chronicles)』 등 화성에 관한 여러 권의 소설의 저자이면서 2012년 6월 5일 92세로 타계한 브래드부리(Ray Bradbury)를 기념하여 '브래드부리 착륙장(Bradbury Landing)'이라고 이름 붙였다.

큐리오시티는 기존의 화성 탐사 로봇보다 몇 배 이상 큰 데다가 탑재된 장비도 훨씬 정교하여 에어백 등 기존의 착륙 방법을 쓸 수 없었다. 그래서 지금까지 시도해 보지 않은 새로운 착륙 기법을 사용하여 착륙하였다. 큐리오시티를 실은 탐사선이 열 차단막의 보호를 받으며 시속 2만 921킬로미터의 속도로 화성 대기권을 뚫고 들어갔는데 이때 1,600℃의 마찰열이 발생하였다. 탐사선은 고열을 견디면서 착륙용 낙하산을 펼쳐 속도를 시속 290킬로미터로 줄였다. 여기까지는 지금까지의 화성 탐사선 착륙 과정과 같았다.

그러나 그 다음부터는 역추진 로켓이 달린 착륙선으로부터 밧줄에 묶여 착륙하는 '스카이 크레인(Sky Crane)' 방식이 처음으로 사용되어 화성에 연착륙하였다. 이어서 자체 로켓으로 감속하는 스카이 크레인을 낙하산으로부터 분리시켜 로켓 분사로 속도를 줄여나갔다. 착륙 지점을 파악한 뒤에는 모선에서 강철 케이블을 매달아 천천히 착륙하였다. 착륙 때 속도는 1 m/s에 불과하였다.

NASA가 발표한 큐리오시티의 임무는 생명체의 존재 여부 확인, 기상 기후와 지질 특성, 유인 탐사를 위한 준비 등 4가지이다. 그러나 그중 가장 중요한 것은 과거 화성에 생명체가 살았는지를 알아내는 것이다.

이 탐사선은 200만 화소를 가진 17대의 고성능 카메라, 광물의 화학 성분 분석기 케민(CheMin), 유기물과 가스시료분석기(SAM), 반경 7미터 내의 흙이나 바위를 레이저로 태워서 성분을 분석하고 카메라로 영상을 획득하는 기기인 켐캠(ChemCam), 기기 내부와 주변의 복사 스펙트럼을 분석하는 복사량조사탐사기(RAD), 기상환경조사기(REMS) 등 10여 종의 기기를 갖추고 있다. 이 탐사선에는 350°를 회전할 수 있는 ㄱ자 형의 길이 2.1미터의 로봇 팔을 가지고 있다. 이 팔에는 대상 물질과 직접 접촉하여 샘플의 원소 구성을 결정할 수 있는 알파입자 X선 분광기(APXS)와 토양과 암석의 근접 사진을 찍을 수 있는 근접영상카메라(MAHLI), 구멍을 뚫는 드릴, 솔, 그리고 가루가 된 토양과 암석의 샘플을 퍼내는 기기 등 총 다섯 가지 기기가 달려 있다. 켐캠이 사용하는 레이저 분쇄 분광기는 원자로 내부와 해저 등 극단적 환경에서 사물의 구성 성분을 분석하거나, 암세포를 찾는 데 사용된다. 켐캠은 레이저유도분광분석기(LIBS)와 원격마이크로영상망원경(RMIT)으로 이루어져 있다.

큐리오시티의 움직이는 속도는 시간당 90미터로 달팽이가 기어가는 속도 정도로 느려서 하루에 200미터까지 이동할 수 있다. 로버는 화성 표면을 이동하면서 암석과 토양, 그리고 대기에 대한 물리 화학적 분석을 한다. 또한 과거 생명체의 흔적을 찾고 산소, 탄소, 황 등 생명에 필수적인 기본 성분을 측정한다. 물의 흔적 정도만 찾던 과거 탐사와는 달리 화성이 미생물 등 생명체가 살기에 적합한 환경인지를 파악한다. 화성의 온도, 풍속, 기압, 자외선 등 기상 상태도 측정한다. 큐리오시티는 이러한 임무를 지구 날짜로 687일 동안 수행할 예정이다.

특이한 물체가 포착되면 이 로버는 긴 팔을 사용하여 현미경이나 X선 분광기의 방향을 돌려서 물체를 근접 관측할 수 있다. 또한 물체에 7미터까지 접근해서 적외선 레이저를 발사하여 암석에서 피어오르는 불꽃의 파장을 분석하여 성분을 확인한다. 추가 조사가 필요하면 현미경이 달린 로봇 팔로 근접 조사를 하고 채취한 물질을 탐사선 내부로 옮겨와 정밀 검사도 벌인다. 큐리오시티는 화성 표면의 울퉁불퉁한 지형에 걸려 넘어지거나 부드러운 흙에 빠지는 것을 방지하기 위해서 미끄럼을 방지하는 센서와 수시로 주변 환경을 점검하는 위험 회피 모드를 장착하였다.

큐리오시티는 착륙 직후 착륙 지점인 분화구에서 찍은 흑백 사진을 전송하며 임무를 시작하였다. 착륙 16일 후인 8월 22일에는 짧은 시험 주행을 성공적으로 마치고 최초의 타이어 자국을 포함한 영상을 보내왔다. 이것은 최초의 시험 주행 동안 큐리오시티의 타이어가 만든 자국이다. 영상에는 여섯 개의 독립된 바퀴가 4.6미터를 앞으로 전진한 후 120°를 돌아 다시 2.4미터를 후진한 자국이 단단한

큐리오시티호의 바퀴 자국

토양에 남겨져 있었다. 새로 옮긴 지점에서는 큐리오시티가 착륙한 장소를 촬영해 보내왔다. 그곳에는 착륙 로켓의 자국이 선명하게 나타나 있고 바퀴 하나가 암석 위에 착륙하였음도 보여 주었다.

이 로버의 주 목적지는 샤프 산(Mount Sharp)의 기슭이다. 이 산은 게일 크레이터의 중심에 5.5킬로미터 높이로 우뚝 솟아 있는 산으로, 그 주변 작은 산에는 오래전 액체 물에 노출되었다는 징후가 보이는 곳이다. 이 작은 산들은 큐리오시티가 착륙한 지점에서 10킬로미터의 거리에 있다. 이 거대한 크레이터의 지질을 더 자세히 조사하고 이곳에 이전에 미생물이 서식한 적이 있는가를 결정하기 위해서 로버를 일정 부분 높이까지 올려 보낼 계획이다. 로버는 약 1년 후에 이곳에 도착할 예정에 있다.

물이 흐른 증거를 발견한 큐리오시티호

큐리오시티는 착륙 지역에 과거 한때 물이 흐르는 강이 있었다는 증거를 발견하였다. 이전의 오퍼튜니티 로버도 엔디버 크레이터 가장자리에 있는 암석에서 생명체 유지에 적절한 물이 흘러 만든 진흙의 광물질을 발견한 바 있다. NASA는 큐리오시티가 착륙한 적도 근처 게일 크레이터 지역이 과거 물이 흘렀던 강바닥이었음을 보여 주는 사진을 착륙 며칠 후에 공개하였다. 큐리오시티가 촬영한 사진에는 물이 흘러서 깎인 강바닥과 주변의 퇴적암은 물론, 물결에 휩쓸려 둥글게 마모된 자갈들이 선명하게 보인다. 자갈들은 모래만한 것부터 골프공만

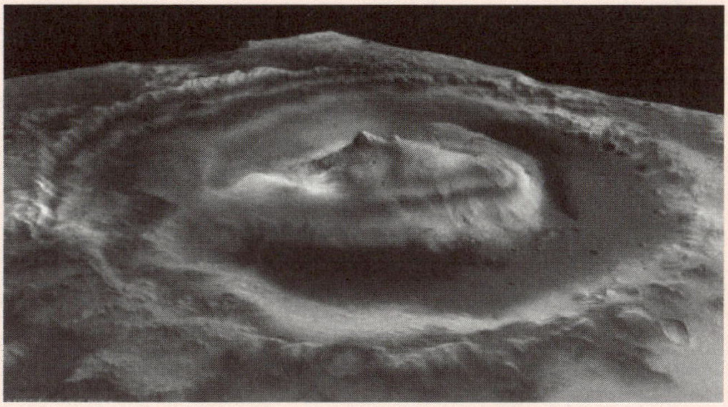

| 큐리오시티호가 착륙한 게일 크레이터

한 것까지 그 크기가 다양하다. 사진에 찍힌 조약돌과 자갈들은 화성 표면에서의 활발한 물의 흐름으로 형성되었다. 이 돌들은 원래의 위치로부터 상당한 거리를 이동한 것으로 보인다. 물이 자갈을 옮긴 것을 보기는 이번이 처음이다. 이로써 화성 표면에 물이 콸콸 흘렀었다는 것을 알 수 있다. 현재 화성은 지표면에 물의 흔적이라고는 찾아볼 수 없는 얼어붙은 사막일 뿐이지만, 암석들을 분석한 결과 화성은 과거에 기온과 습도가 지금보다 높았을 가능성이 있다.

이곳은 지구의 강바닥 사진과 비교해도 모양이 매우 흡사하다. 침식 정도와 크기, 마모된 자갈의 모양을 매우 정밀하게 정량화하는 작업 결과, 강의 길이는 40킬로미터 정도였고, 깊이는 성인의 발목과 허벅지 사이였던 것으로 추정된다. 물은 사람의 걸음걸이와 비슷한 약 91 cm/s의 속도로 흘렀던 것으로 보인다. 얼마나 많은 양의 물이 존재하였는지는 확실하지 않지만 수십억 년 전에 물은 수천 년에서 수백 년 동안 존재하였을 수도 있다.

크기가 2밀리미터 이상의 자갈이 많은 퇴적암인 역암 조각들은 화성에서 발견된 최초의 하상(河床) 자갈 함유 암석이다. 역암 덩어리들은 지구의 하상 퇴적물과 놀랄 만큼 닮았다. 좀 더 큰 자갈들은 역암 속에 고르게 분포되지 않았으며 일부에서는 자갈이 많은 층과 모래층이 번갈아 나타났다. 이것은 지구의 하상 퇴적층에서 흔히 볼 수 있는 것으로 화성에서 물이 흘렀음을 보여 주는 또 다른 증거이다. 또 많은 자갈은 서로 붙어 있어 이들이 하천 바닥에서 함께 굴렀음도 보여 주고 있다. 자갈들의 둥글기 정도로 보아 물이 지속적으로 흘렀을 것이고, 자갈끼리 계속 부딪쳤을 것이며, 자갈들이 흐르는 물에 의해 최소한 몇 킬로미터는 이동하였을 것으로 추정된다.

화성에는 얼음 형태의 물이 많이 묻혀 있지만 오늘날 화성의 대기는 너무 희박하여 지속적으로 흐르는 물은 존재할 수 없다. 고대 화성이 액체 상태의 물이 있는 다양한 환경이었을 것이라는 사실은 몇 가지 증거로 유추할 수 있지만 어떤 유형의 하천이 흘렀는지 보여 주는 것은 큐리오시티가 분석한 역암뿐이다.

물의 흔적을 찾는 것은 생명의 흔적을 찾는 첫걸음이라고 할 수 있다. 이 정도 강물이 존재하였다면 이 지역에 당연히 생물이 번식하였을 것으로 추측된다. 화성 표면에 물이 존재하였다는 관측 주장이 제기되었지만 지구의 강바닥과 흡사한 사진이 공개된 것은 처음으로 NASA는 이 중대 발견에 큰 의미를 부여하였다.

큐리오시티호의 토양과 암석 분석

큐리오시티는 착륙 후 각종 장비에 대한 테스트를 진행하였고 착륙 지점 근처에서 암석과 토양을 분석하여 유기 화합물을 추적하는 탐사 작업을 시작하였다. 큐리오시티는 착륙 지점에서 400미터 거리에 있는 글레넬(Glenelg)로 향하였다. 큐리오시티는 팔에 달린 토양을 퍼내는 장치로 화성 토양을 퍼내서 SAM과 케민 등의 분석 장치로 분석할 수 있도록 모래가 많은 지역으로 옮겨갔다.

착륙 13일 뒤인 8월 19일에는 처음으로 성분 분석을 위해 주먹 크기의 암석을 향해 레이저를 발사하여 탐사를 시작하였다. 레이저는 큐리오시티에 장착된 켐캠에 의해서 10초에 걸쳐 30번의 펄스(짧은 시간의 전기 흐름)로 발사되었다. 각 펄스는 1초의 10억 분의 5초 동안에 100만 와트 이상의 전력을 전달해 '코로네이션(Coronation)'으로 명명된 이 암석을 녹였으며, 큐리오시티에 장착된 화학 분석용 카메라 켐캠은 암석이 녹으면서 발생한 증기를

큐리오시티호가 찍은 바위

통해 성분을 분석하였다. 8년간 공들여 만들어진 켐캠의 작업으로 '코로네이션'의 광범위한 스펙트럼과 많은 신호를 확보하였다. 켐캠은 고 에너지의 레이저에 부딪혀 발생하는 불꽃을 망원경으로 포착하고 나서 이를 분광기로 분석하여 암석에 포함된 성분을 알아냈다. 이것은 먼 곳에 떨어진 별의 성분을 분광기에 나타난 별빛의 색깔로 그 성분을 밝혀내는 것과 같은 원리이다. 이 실험은 돌이 생성되는 과정에서의 성분 변화를 추적하여 물의 존재 여부를 확인하는 작업의 하나로 진행되었다. 이번에 사용된 레이저 기술은 원자로 내부나 해상(海床) 같은 극한 환경에서 목표물의 성분을 파악하는 데 사용되는 것으로 환경 감시나 암세포 탐지 등에 실험적으로 사용되었지만 외계 탐사에서는 이번에 처음으로 사용되었다.

한 달쯤 뒤인 9월 22일에는 큐리오시티가 최초로 로봇 팔을 뻗어 화성의 암석과 접촉하였다. 이 암석은 피라미드 형태를 가진 '제이크 마티예빅(Jake Matijevic)'

큐리오시티호가 동쪽으로 본 풍경

이라고 이름 붙여진 것으로 원소의 조성을 측정하는 분광기 APXS, 근접카메라 MAHLI 등의 기기로 조사하였다. 큐리어시티는 켐캠의 레이저로 이 암석의 일부를 기화시켜서 암석의 조성 성분을 조사하여 이 두 실험의 결과를 교차 측정하였다. 이 과정에서 큐리오시티는 42미터를 움직였다.

또한 큐리오시티는 흙 표본을 채취하여 분석하기 시작하였다. 진행 경로에서 발견된 유난히 반짝이는 물체를 포함하여 흙 한줌을 떠서 화학분석기 케민에 투입하였다. 토양 속에서 발견된 반짝이는 물체의 크기는 약 1밀리미터의 중간급 모래 알갱이 정도로, 근접 촬영 영상에서는 화성의 전형적인 흙이 아니라 지구에서 묻어간 오염된 물질이 아닐까 우려되기도 하였으나 결국 화성 고유의 물질인 것으로 밝혀졌다.

큐리오시티는 로봇 팔 끝에 달린 스쿠프(scoop)로 떠낸 첫 번째 흙으로 내부 표면을 닦아냈고 두 번째 흙은 오염의 우려 때문에 사용하지 않고 버렸다. 세 번째로 떠 낸 흙을 흔들어 케민의 투입구에 넣었고 이 중 일부가 분석기로 통하는 깔때기를 통과하였다. 수십억 년 전 화성이 지금보다 따뜻하고 물이 많았던 시절의 토양은 지하 생물이 살 수 있는 환경이었을 가능성이 있다.

이와 같은 최초의 화성 토양

전면 분석을 통해 그동안 애타게 찾아온 유기화합물의 단서와 복잡한 화학작용의 흔적을 발견하였다. 큐리오시티는 탑재된 모든 기기를 총동원한 첫 번째 토양 분석에서 염소, 황, 물과 함께 생명체 구성의 기본물질인 탄소 함유 유기화합물의 단서도 발견하였다. 유기화합물의 발견은 화성에서 생명체 발견 가능성이 있음을 의미한다. 그러나 NASA는 이 화합물이 정말로 화성의 것인지, 아니면 지구로부터 큐리오시티에 묻어 온 오염물질인지는 아직 확실하지 않다고 하면서 "SAM에서 유기화합물이 발견되었다고 결론을 내릴 단계는 아니다. 설사 유기화합물이 발견되었다고 해도 우리는 그것이 정말로 화성 고유의 물질인지 판단해야 한다."라고 발표하였다. 유기화합물은 단순히 탄소가 포함된 화학물질에 불과하며 "우주 어디에나 있을 수 있다."라는 의견도 있다. NASA에 따르면 분석된 토양 표본은 바람에 날려와 쌓인 비교적 평평한 지형의 먼지와 모래로, 시료분석기 SAM 내부의 작은 오븐 안에서 가열하여 방출된 기체 성분을 분석한 결과, 탄소 함유 유기물인 염화메테인 화합물이 검출되었다. 화합물의 염소는 화성의 것이 맞지만, 탄소는 큐리오시티에 실려 간 지구의 물질일 가능성도 있다.

큐리오시티는 화성의 환경 조건이 미생물에 친화적일 수 있는지를 결정하는 탐구 작업을 하였다. 암석에 구멍을 뚫고 가루를 로버에 실린 화학실험실과 다른 기기로 보내 이 지역의 광물질과 화학 조성에 관한 정보를 얻는다. 이전의 로버인 스피릿과 오퍼튜니티는 암석층의 껍질을 벗기는 연마 도구만을 갖추었으나, 큐리오시티는 화성에서는 최초로 화성 내부에서 표본을 수집할 수 있도록 수 센티미터의 구멍을 팔 수 있다.

2013년 1월 27일 큐리오시티는 팔에 달린 드릴에 대한 준비 시험을 수행하였다. 드릴을 네 개의 다른 장소에 있는 암석에 내려 누르는(press down) 최초의 시험을 한 것이다. 이 '선행(先行) 시험'은 작용하는 힘의 크기가 예상과 잘 맞는지를 알게 한다. 이것이 큐리오시티가 수행할 가장 복잡한 공학적 임무이다. 하드웨어 시험을 비롯한 몇 가지의 다른 시험을 마친 후에 큐리오시티는 암석에 구멍을 내는 작업을 시작하였다. 착륙 지점인 게일 크레이터에서 밤과 낮의 큰 기온 차이가 드릴 작업에 문제를 일으키는지도 시험하였다. 게일에서 공기 온도는 오후에 0℃에서 밤에 -65℃까지 떨어졌다. 그러한 온도 차이에서는 로버의 새시(chassis), 팔, 기동 시스템 등이 약 0.25센티미터 팽창 수축을 할 수 있다. 목표 암석에 대한 상세한 평가 작업도 하였다. 노두(露頭)는 오래전 물이 흘러서 쌓인 것으로 보이는 옅은 색깔의 광맥 일부이다.

'존 클라인' 암석에 구멍을 뚫는 모습

'존 클라인' 암석에 뚫린 구멍

최초로 화성에 구멍을 뚫는 드릴 작업은 2013년 2월 8일에 시작되었다. 로봇 팔 끝에 달린 드릴로 이 지역 과거 물에 관한 단서를 가진 '존 클라인(John Klein)'이라고 불리는 화성 암석에 폭 1.6센티미터, 깊이 6.4센티미터의 작은 구멍을 팠다. 망치와 회전하는 드릴을 최초로 사용하였는데, 드릴로 생긴 암석의 가루는 우리에게 익숙한 화성 표면의 녹슨 오렌지색이 아니라 회색으로 나타났다. 화성의 특성 색깔인 붉은색은 표면에만 보이는 색깔일 뿐 암석은 회색이었다. 화성 표면의 먼지 층에서 철이 산화되는 과정을 거치면서 표면이 붉은색을 띠게 된 것이다.

큐리오시티의 화학 · 광물 분석기 케민은 표본 채취 지점 주변의 토양이 평범한 화산 물질과 유리 모양의 비결정질 물질이 반반씩 섞인 것임을 발견하였다. 예상한 대로 모래 알갱이에 붙어 있는 일부 물 분자들을 발견하였는데 그 양은 예상한 것보다 많았다.

큐리오시티의 카메라가 토양을 근접 촬영한 영상을 자세히 분석하면 토양의 입자가 마른 상태이고 크기가 설탕보다는 작고 밀가루보다는 커서 인공 감미료와 비슷한 크기인 것으로 나타났다. 광물학적인 조성은 스피릿이나 오퍼튜니티 로버가 화성 표면 다른 곳에서 발견한 것과 비슷해서 이것이 행성 전체에서 통용될 수 있음을 암시하고 있다.

시료분석기 SAM이 먼지를 거의 800℃로 가열해서 방출되는 가스를 조사하였더니 가장 흔한 가스가 수증기와 이산화탄소였다. 토양의 2~3%가 물로 이루어져 있었다. 토양의 물은 수소의 무거운 동위원소인 중수소를 많이 포함하고 있었다. SAM은 생명의 구성 요소인 유기물 범주에 속하는 작고 단순한 복합물인 염소화된 메테인을 탐지하였다. 그러나 토양이 이 유기물을 함유하고 있다고 말하기에는 아직 이르다. 그 이유는 이 탄소가 우주선이 지구에서 화성으로 옮긴 분자의 흔적일 수 있고 유기물이 먼지를 가열할 때 화학 반응으로 생겨났을 수 있기 때문이다. 염소는 2008년 피닉스 착륙선이 화성 극지방에서 발견한 과염소산염으로 알려진 염소화합물의 존재를 확인시켜 주고 있다. 과염소산염이 적도 지방에서 발견되어 이 물질이 광범위하게 분포되어 있는 것으로 확인되었다.

큐리오시티는 문의 손잡이나 모자의 장식물을 닮은 반짝이고 금속과 같아 보이는 물체의 사진을 보내와서 호사가들의 입에 오르내렸다. 물체가 과거 문명의 잔재라는 것이다. 그러나 과학자들은 이 물체가 바람에 의해 흥미로운 형태로 만들어진 암석인 것으로 믿고 있다. 이 물체는 반짝이는 고운 입자로 이루어져 있고 비교적 단단함을 나타낸다. 이와 비슷하게 바람에 깎인 암석이 건조하고 거센 바람이 부는 지구 남극의 평원에서도 발견되었다.

2013년 5월 20일에는 큐리오시티가 '존 클라인' 암석의 2.7미터 서쪽에 위치한 '컴버랜드(Cumberland)' 암석에 깊이가 약 66밀리미터, 지름이 약 15밀리미터의 두 번째 구멍을 뚫었다.

큐리오시티호의 대기 분석

큐리오시티는 화성의 대기가 원래 상태에서 크게 변화한 증거들을 발견하였다. 오늘날 화성의 대기 밀도는 지구보다 100배 정도 희박한데 그 과정을 알게 되면 과거 화성이 생명체가 살 수 있는 환경이었는지 평가하는 중요한 단서가 될 수 있다. 시료분석기 SAM을 구성한 세 개의 기기 중 하나인 4중질량분광기(QMS)가 화성 대기 중 이산화탄소 가운데 무거운 탄소 동위원소가 화성 형성 당시보다 5% 증가하였다는 것을 알아냈다. 이처럼 가벼운 동위원소보다 무거운 동위원소의 비례가 늘어난 것은 가벼운 동위원소를 가진 대기층의 최상부가 성간 우주로 날아간 반면, 더 무거운 탄소 동위원소를 가진 저층은 뒤에 머물러 있었음을 시사하는 것이다. 대기층 최상층부가 사라지면 가벼운 동위원소가 줄어든다. 비록 얼마나 많은 대기를 상실하였는지는 확실하지 않지만 아마도 화성 대기와 표면 근처에 포함된 양의 과반이 될 수 있다. 이것은 SAM이 측정한 화성

큐리오시티호가 향하는 샤프 산

대기의 95.8%가 이산화탄소인 점에서 공기의 상당량에 해당한다.

과학자들은 이런 물리적 과정에서 대기가 사라진 것이 화성의 주요 진화 요인으로 보고 있다. 화성은 초기 대기의 대부분을 상실하였을 것이라는 징후를 보이고 있다. 한편 아르곤(Ar) 역시 무거운 동위원소의 비율이 높아져 기존 관측 자료와 일치하였다. 또한 최고로 정밀한 분석 능력을 가진 가변레이저분광기(TLS)로 생명체가 존재하였음을 암시하는 메테인의 양을 측정하였다. 메테인은 생명체에 의해서 만들어지며 지구 대기의 메테인의 90~95%가 생물학적으로 생성되었다. 그러나 화성에서는 아직 메테인이 발견되지 않고 있다. 그러나 앞으로 2년 동안 생명체가 서식하였을 수도 있는 샤프 산으로 이동하면서 결과는 바뀔 수도 있다.

기상관측기(REMS)도 화성 대기 분석에 착수하였다. REMS의 측정 결과는 게일 크레이터에서 기압이 상승하고 있음을 보였다. 화성의 겨울철 기온은 이산화탄소가 얼어 드라이아이스가 될 정도로 낮은데 화성의 희박한 대기권에 가장 많

은 것이 이산화탄소이므로 동결 상태에 따라 기압은 계절별로 크게 달라진다.

큐리오시티가 착륙한 적도 부근(남위 4.5°) 게일 크레이터의 계절이 늦겨울임에도 불구하고 예상 밖으로 따스한 날씨를 보여 주고 있었다. REMS가 측정한 오후 최고 기온은 6℃에 달하며 화성의 하루의 절반 이상 동안 기온은 영상 수준을 유지하고 있었다.

과학자들은 먼 과거에는 화성에 물이 항상 존재하였고 대기 밀도는 지금보다 높아 지금과는 매우 다른 환경이었을 것으로 추측하고 있다. 오는 2014년 화성에 도착할 예정인 NASA의 화성 대기 및 휘발성 진화 탐사선 메이븐은 대기권 최상층부 소멸 문제를 조사하게 된다.

큐리오시티호의 생명체 탐사

큐리오시티의 가장 중요한 임무는 거대한 게일 크레이터에 현재 미생물이 살고 있거나 과거에 살았을 가능성이 있는지를 판단하는 것이다. 로버에는 이 목적을 위해서 17대의 카메라와 구멍을 뚫는 드릴을 포함한 10종의 과학 기기가 장착되었다.

우선 오늘날 화성은 그 환경이 너무 메마르고 추워서 인간이 알고 있는 생명체가 살기에는 부적합할 것으로 생각된다. 하지만 기온이 봄여름을 지나면서 올라가서 여름에는 20~30℃대까지 오를지도 모르며 이는 생명체 서식 조건이란 점에서는 기대되는 온도이다. 그러나 해가 지면 기온이 급강하해서 해뜨기 전

기온은 -70℃까지 내려갈 것이다. 이처럼 기온 차이가 큰 것은 화성의 대기 밀도가 지구의 1%밖에 안 될 정도로 희박하여 햇빛의 가열 효과가 지구에서보다 훨씬 크게 나타나기 때문이다. 화성은 약 30억 년 전에 환경이 변한 것으로 생각된다. 당시 지구 질량의 10분의 1인 화성은 대부분의 대기를 붙잡아 둘 수 없었으며, 내부도 식어서 화산활동이 정지되고 물은 얼어붙거나 증발하여 우주 공간으로 달아났다. 그래서 화성은 춥고 건조하게 되었다.

NASA는 2013년 3월 12일 큐리오시티의 탐사 결과 화성에 한때 생명체가 존재하였을 가능성을 확인하였다고 밝혔다. 큐리오시티는 고운 입자로 이루어진 이암 암석에 구멍을 내어 화성이 한때 물이 풍부하였다는 확실한 증거를 찾아냈다. 이 암석에서 생명체의 주요 성분인 황, 질소, 수소, 산소, 인, 탄소 등의 원소와 원시 미생물이 음식으로 먹을 수 있는 황산염과 황화물과 같은 광물질을 찾아냈다. 광물질은 배터리와 같아서 생명체의 에너지원이 될 수 있다. 수십억 년 전 화성은 식품이 될 수 있는 광물질과 함께 많은 물이 있어 미생물이 살기에 쾌적한 장소였을 것이다. 연구팀은 지구 이외에도 생명체가 서식할 수 있는 환경이 존재하였다는 결정적 증거가 처음으로 발견된 것이라고 설명하였다. 이들은 "온화하고 생명 유지에 필수적인 환경을 발견하였다."라며 "당시 화성에 있었던 물은 마실 수도 있었을 것이다. 정확한 시기를 확언하기는 어렵지만 아마도 최소 30억 년 전에는 붉은 별 화성에 호수가 있었을 것"이라고 덧붙였다. 그러나 이러한 오아시스에 실제로 미생물이 살았다는 증거를 찾는 것은 과제로 남아 있다. 연구진은 또 큐리오시티가 샘플로 채취한 물이 화성의 다른 곳과는 달리 소금기가 많지 않은 중성이었을 것이라고 확인하였다. 과학자들은 화성이 지금도 미생물을 서식시킬 수 있다고 믿고 있다. 그들은 화성 생명체는 물이 스며들거나 흐르지 않는 장소에서도 살아남을 수 있을 것이라고 주장한다. 예를 들어 지구에서 극히 춥고 건조한 칠레의 아타카마(Atacama) 사막과 건조한 남극 계곡에서도 미생물이 살아가고 있다. 남극에서는 매 8월에서 11월까지 커지는 오존층 구멍 때문에 계절적으로 강한 자외선 복사를 받는다. 화성도 이와 비슷하게 대기가 엷고 보호해 주는 자기장이 없어서 지구에서보다 더 많은 복사가 쏟아진다. 그러나 남극이나 아타카마 사막과 같이 화성도 극한의 추위와 건조한 환경에서도 생명체가 살고 있을 수도 있다. 남극의 건조한 계곡에서 사는 유기생물은 자외선을 막아 주기에 적합하면서 동시에 광합성을 누릴 수 있는 암석 내에서 살아간다. 화성에 생명체가 진화하였다면 아마도 이와 비슷한 일이 일어났을 것이다.

그렇다고 현재 화성 표면의 모든 부분이 항상 건조한 것은 아니다. 어떤 곳에서는 계절적으로 액체의 물이 흐른다는 증거가 속속 나타나고 있다. 염분이 많은 마리네리스 계곡에서는 시럽과 같은 액체가 기후에 따라 생기는 경로를 따라 흘러내려 계절적으로 반복되는 것 같다. 소금물은 지하에서 올라온 것으로 보이지만, 대기 중의 수증기가 소금과 같은 지상의 복합체에 의해서 모아져 액체가 되는 용해(deliquescence)로 생겼다는 주장도 있다.

큐리오시티가 2012년 12월 9일 촬영한 사진에 꽃잎 모양의 물체가 나타나 일부 네티즌들 사이에서 '화성 꽃'이 발견되었다며 화제가 되기도 하였다. 이것이 암석을 뚫고 피어오른 꽃잎이라는 것이다. 인터넷 사용자들로부터 '화성 꽃'으로 이름 붙여진 이 물체는 실제로 둥근 모양이고 모래 알갱이보다 조금 큰 하얀

큐리오시티호가 촬영한 꽃 모양

꽃잎처럼 보이는 작은 덩어리이다. 큐리오시티의 팔에 달린 현미경 타입 카메라가 포착한 이 물체는 투명하고 영롱해서 더욱 주목을 받았다.

NASA의 과학자들은 이것이 큐리오시티 등 지구에서 제작된 물체에서 나온 부스러기는 아니라고 확인하였다. 이것의 정체를 밝히려면 정확한 광물학적인 구성에 관한 정보가 있어야 한다. 이것은 여러 가지의 가능성을 가지고 있으나 생물학적인 기원을 가진 물체는 아닌 것으로 여겨진다. 석영 또는 수정일 것이라는 분석도 나왔다.

큐리오시티호의 향후 탐사 계획

2013년 4월 한 달 동안 휴식을 취한 큐리오시티는 5월 들어 여러 가지 활동을 재개할 준비를 하였다. 4월에는 큐리오시티가 지구에서 볼 때 태양 너머에, 즉 합(合)의 위치해 있었기 때문에 어떤 명령도 내리지 않았다. 이 상황이 끝나자 NASA의 과학자들은 2주 동안 암석에 구멍을 내고 다시 거대하고 신비스러운 산의 기슭으로 가는 수 킬로미터의 긴 여정을 지시하였다. 큐리오시티는 휴식 후에도 건강한 상태를 유지하고 있었다.

합에 있는 동안에도 큐리오시티는 놀고 있었던 것은 아니다. 그동안 큐리오시티는 화성의 기후와 복사를 모니터하고 몇 가지 비교적 간단한 실험을 수행하였다.

시추와 분석을 끝낸 로버는 게일 크레이터의 중심에 우뚝 솟아 있는 5.5킬로미터 높이의 신비스런 샤프 산으로 이동을 시작하였다. 샤프 산의 기슭은 당시의 위치에서 약 8킬로미터의 거리에 있다. 화성 궤도를 도는 우주선이 이 산의 기슭이 오래전에 액체의 물에 노출되었었다는 징후를 포착하였고, 이번에 큐리오시티가 이러한 환경의 역사를 읽어내기를 NASA의 과학자들은 바라고 있다. 2013년 7월 23일에 주행기록계는 1.23킬로미터를 기록하고 있었다. 7월 21에는 기록적인 100.3미터를 이동하였다. 그러나 샤프 산에 도달하려면 1년은 걸릴 것으로 예상하고 있다. 샤프 산에 가는 도중에도 여러 가지 흥미로운 현상을 만날 수도 있으나 주요 목표를 위해서 웬만한 것은 무시할 예정이다.

큐리오시티호가 보낸 표면 지형

러시아의 포보스-그룬트호와 중국의 잉훠-1호

미국이 화성 탐사에 성공을 거두고 있는 동안 러시아와 중국도 화성 탐사를 시도하였으나 실패하였다. 러시아는 2011년 11월 9일 궤도선, 착륙선, 그리고 샘플 회수선으로 이루어진 포보스-그룬트(Phobos-Grunt)를 화성의 두 개 위성들 중 큰 것인 포보스에 보내서 이 위성의 표면과 주변을 탐사하고 토양 샘플을 지구로 가져올 계획이었다. 이 우주선 이름인 그룬트는 러시아어로 '토양'을 의미한다. 이 우주선에는 중국 최초의 화성 탐사 궤도선인 잉훠(Yinghuo)-1호도 실려서 화성으로 보내질 예정이었다. 잉훠는 중국어로 '반딧불이'를 의미한다. 잉훠는 1년간 화성 주위 궤도를 돌며 화성 및 주변 우주 공간 환경을 관측할 예정이었다. 그러나 바이코누르 우주기지(Baikonur Cosmodrome)에서 발사된 포보스-그룬트는 로켓에서 분리된 후 우주선의 자체 엔진 장치가 작동하지 않아 화성으로 비행하지 못하고 지구 궤도에 묶여 있게 되었다.

Exploration of Mars and Search for Martian Life

6. 밝혀진 화성의 정체

화성은 약 45억 년 전 가스와 먼지로 이루어진 거대한 원시 태양 구름에서 지구와 함께 태어났다. 화성은 금성과 함께 지구를 닮은 지구형 행성으로 고체의 표면과 약간의 대기도 가지고 있다. 붉은색의 표면은 큰 화산, 크레이터, 깊은 계곡, 물이 흘렀던 자국, 큰 평원 등의 지형으로 이루어졌다. 화성의 내부에는 지구와 같이 철과 니켈 등의 무거운 원소로 이루어진 중심핵이 있다.

기본 물리량

화성은 태양에서 네 번째에 위치한 행성으로, 행성 가운데 두 번째로 작다. 화성의 적도 반지름은 3,396킬로미터, 극 반지름은 3,376킬로미터로 지구의 약 53%에 해당한다. 질량은 지구의 약 11%인 6.4185×1023킬로그램이고, 평균 밀도는 1세제곱센티미터당 3.9335그램으로 달의 밀도(3.3그램)보다는 조금 높고 지구의 밀도(5.5그램)보다는 훨씬 낮다. 이탈 속도는 지구의 절반도 되지 않는 5.03 km/s이다. 화성 표면에서의 중력은 지구 중력의 38%이다. 따라서 지구에서 몸무게가 70킬로그램인 사람의 몸무게를 화성에서 재면 27킬로그램으로 가벼워질 것이다.

화성의 전체 모습

화성 표면의 온도는 적도에서 여름에 35℃까지 올라가지만 겨울에 극지방에서는 -143℃까지 떨어져서 평균 온도는 약 -63℃로 낮다. 대기압은 지구의 1%로 낮고, 옅은 대기의 주성분은 이산화탄소이다. 화성은 지구보다 태양에서 약 50% 더 멀리 떨어져 있기 때문에 화성이 받는 태양열은 지구의 43%에 지나지 않는다. 이것은 흐린 날 지구가 받는 태양열과 비슷하지만 광합성을 하기에는 충분한 열량이다.

화성과 태양의 평균 거리는 지구와 태양 평균 거리의 1.524배이다. 그러나 화성의 궤도가 약간 찌그러진 타원이므로 이 거리는 약 9% 변하여 최대거리가 2억 4,900만 킬로미터, 최소거리가 2억 700만 킬로미터, 지름이 2억 2,700만 킬로미터이다. 지구와 화성 사이의 거리는 태양에서 볼 때 이 두 행성이 같은 방향에 놓일 때 가장 가까워서 5,450만 킬로미터로 접근하지만, 이들이 태양을 사이에 두고 반대편에 설 때는 거리가 4억 130만 킬로미터로 멀어진다. 마치 운동장의 안쪽 트랙에서 빠르게 달리는 사람과 같이 지구는 매 2.14년마다 화성을 따라잡는다. 이렇게 지구가 따라잡을 때에는 화성이 지구에서 보면 태양 반대쪽에 서게 되어 지구와 가장 가까워지는데 이것은 매 2년마다 8월 또는 9월에 일어난다.

화성의 공전 주기는 686.971일이고, 자전 주기는 24시간 37분 22초이다. 화성의 자전축도 지구와 마찬가지로 약 25.19° 기울어져 있어 화성에서도 지역에 따른 계절의 변화가 뚜렷하다.

사막과 같은 모습의 표면

화성의 표면은 붉은 오렌지색을 띄고 있고, 운석의 낙하로 만들어진 수많은 크레이터, 거대한 화산, 큰 협곡, 사막, 운하라고 생각되던 줄무늬, 그리고 어두운 저지대 등으로 이루어져 있다.

표면은 주로 솔레아이트(tholeiite)질 현무암이지만 그 일부는 전형적인 현무암보다 규토(SiO_2)가 45%로 훨씬 더 풍부하여 지구의 암산암이나 실리카 유리와 비슷하다. 사장석이나 규산염, 고규소유리판(high silicon glass sheet)으로 덮인 지역과 휘석, 적철석, 감람석이 집중된 곳도 있다. 암석과 광물 중에는 물에 의해서 형성되는 것들도 있고 침전물로 지층을 이루고 있는 곳도 있다. 감람석은 화산으로 분출된 성분으로 물에 노출되면 진흙과 산화철로 분해된다. 감람석이 있는 지역에는 물이 없었음을 나타낸다. 침전층에서는 블루베리라고 불리는 구형의 작은 적철광 덩어리도 발견된다. 이 물질은 지구에서는 물이 있어야 형성되는 것이다.

화성 표면의 암석들

화성 표면이 붉게 보이는 것은 토양에 산화철(Fe_2O_3), 즉 적철석(赤鐵石)의 고운 입자 먼지가 대부분의 표면을 덮고 있기 때문이다. 표면 물질 중에는 산화철이 19%를 차지하고 있다. 화성의 지각에는 철이 지구에 비해서 두 배나 더 많다. 표면을 덮고 있는 고운 물질의 구성비는 약 80%가 철이 많은 진흙, 10%가 마그네슘 황산염, 5%가 산화철(Fe_2O_3)이고, 약간의 실리카, 탄산칼슘, 황산칼슘도 있다. 고운 모래는 강한 바람에 날려 화성 전체에 먼지폭풍을 일으킨다. 이 때문에 화성 표면의 일부가 어둡게 보이고 하늘이 붉게 나타난다. 강한 바람과 극한적인 온도가 암석과 토양을 빠르게 풍화시켜 표면에 많은 양의 고운 먼지를 쌓이게 하고 일부는 대기 중에 날아다닌다. 먼지 입자의 크기는 1~2마이크로미터로 가시광선의 파장보다 조금 크다.

화성은 태양으로부터의 거리가 지구에서보다 더 멀기 때문에 염소, 인, 황과 같은 비교적 낮은 끓는점을 가진 원소들이 지구에서보다 더 풍부하다. 토양의 pH 수치는 8.3의 약한 알칼리성으로 그곳에는 마그네슘, 나트륨, 칼륨과 같은 원소가 포함되어 있다. 과염소산염도 발견되었다.

표면에는 과거에 물이 흐른 자국도 선명하다. 물이 흐른 자국인 채널(channel)과 계곡 망이 표면을 여기저기 갈라놓고 있다. 채널은 홍수, 지하수, 빙하 등으로 갑자기 많은 물이 흘러서 형성된 것이다. 가장 큰 채널인 마딤발리스(Ma'adim Vallis)는 길이가 700킬로미터, 폭이 20킬로미터, 깊이가 2킬로미터로 미국의 그랜드캐니언보다 더 크다. 채널들은 대부분 화성 형성 초기에 생긴 것으로 믿어지나 수백만 년 전 형성된 젊은 것들도 있다. 물이 흘러 생긴 작은 도랑도 많이 보인다. 물이 증발한 후 남은 호수의 바닥 델타, 충적층도 있다, 흙이 언덕을 흘

| 표면에 보이는 물이 흐른 자국인 채널들

려 내려서 산사태를 일으켜 생긴 도랑 줄무늬들도 보이는데, 이것들은 수천 년 전에 물이 흘러서 생성된 것으로 믿어진다. 즉 지열과 화산폭발 후 남은 물질이 지하의 물을 녹여서 흐르게 한 것으로 보인다. 화성은 온도와 대기압이 너무 낮아서 물이 있다고 해도 현재는 대규모로 흐를 수 없다. 이 계곡들은 온도와 기압이 높고 물이 풍부하였을 때인 화성 형성 초기에 물이 흐르던 강의 흔적으로 추측된다. 최근 큐리오시티 로버는 과거에 물이 흘러 생긴 강바닥은 물론 물이 흘러서 형성된 것으로 믿어지는 많은 자갈을 발견하였다.

토양 속의 어떤 화합물은 바닷물이 증발해 버린 다음에 남는 황과 염소를 함유하고 있다. 따라서 과거에 화성 표면은 물에 노출되어 있었던 것으로 보인다. 진흙, 황산마그네슘, 키젤석(kieserite), 방해석, 적철석, 침철석 등은 이 지역에 한때 물이 있었음을 강력하게 시사한다.

화성에는 여러 개의 큰 협곡이 있는데 그중에서도 가장 큰 마리네리스 협곡(Valles Marineris)은 길이가 5,000킬로미터로 화성 둘레의 5분의 1에 해당하며, 폭은 200킬로미터, 깊이는 6,000킬로미터에 이른다.

화성에서 가장 큰 화산은 광대한 고원 지대인 타시스(Tharsis) 영역의 올림퍼스

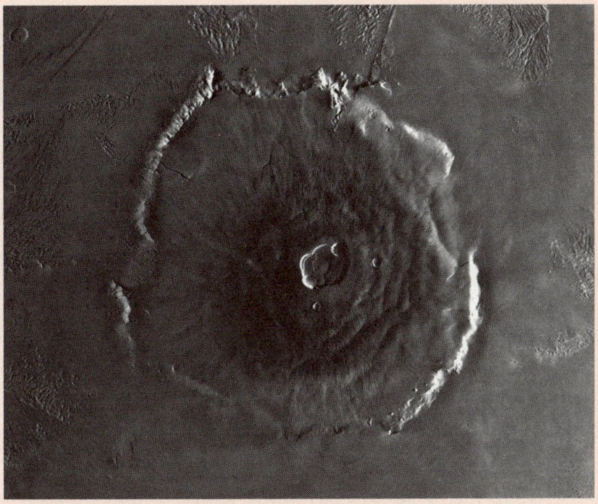

거대 화산인 올림퍼스 산

산으로서 바닥의 지름이 약 600킬로미터이고 주변 평원을 기준으로 약 25킬로미터로 높이 솟아 있다. 이 화산의 면적은 한반도를 덮을 정도로 크며, 높이는 에베레스트 산 높이의 약 3배나 된다. 봉우리 주변에는 용암이 흘러서 생긴 무늬가 보이는데, 이 화산은 약 10억 년 전에 활동하였던 것으로 추정된다.

화성은 남북 반구의 지형이 예리하게 대립된다. 남반구는 비교적 평탄하고 고대의 충돌에 의해서 생긴 많은 크레이터로 덮여 있다. 이곳에는 초기의 표면 상태가 아직도 그대로 남아 있으며 지름이 5킬로미터 이상의 크레이터 수는 4만 3,000개에 이른다. 가장 큰 크레이터는 헬라스(Hellas) 충돌 분지이다. 화성은 소행성대에 가깝고 목성 궤도 이내에 위치한 단주기 혜성과도 충돌 가능성이 높다. 반면, 북반구는 젊은 지형으로 거대한 용암 분지와 화산이 많이 분포되어 있다. 화성 북반구의 40%를 거대한 보레알리스 분지(Borealis basin)가 덮고 있는데, 이 분지의 크기는 10,600×8,500킬로미터로 화성에서 가장 크다. 모델 계산에 따르면 약 40억 년 전에 명왕성 크기의 천체가 충돌해서 이 분지를 만들었다고 한다. 화성은 형성된 후에 많은 수의 외계 물질의 충돌이 일어났다. 표면의 약 60%는 그 시대의 충돌 기록을 그대로 보여 주고 있다. 화성 표면에는 지름 1킬로미터 이상의 운석 충돌 구덩이인 크레이터가 63만 5,000개 이상 있는 것으로 밝혀져 화성의 험난하였던 과거를 말해 주고 있다. 아리스(Aris) 화산 지역에서는 동굴도 7개나 발견되었다.

화성의 양 극에는 주로 얼음으로 이루어진 영구적인 극관과 대기의 주성분인 이산화탄소가 얼어붙은 드라이아이스로 이루어진 계절적인 극관이 있다. 극관은 겨울에는 커지고 여름에는 줄어든다. 극관에 있는 얼음의 두께는 평균 3킬로미터에 이르고 겨울에는 위도 60°~70°까지 확장된다. 북극관과 남극관은 여름에 지름이 각각 약 1,000킬로미터와 350킬로미터이고 얼음의 부피도 160만 세제곱킬로미터나 된다.

겨울에만 얼어붙는 극관의 외곽 부분은 물의 얼음보다 더 낮은 온도에서만 응고하는 이산화탄소의 얼음, 즉 드라이아이스로 이루어져 있다. 극관 근처에서 겨울에 수개월간 태양이 지평선 아래에 머물 때의 표면 온도는 -143℃로 떨어진다. 이러한 온도와 6hPa의 대기압에서는 이산화탄소가 응고하여 드라이아이스의 눈으로 내린다. 이런 형태로 대기 전체의 약 4분의 1이 얼어붙었다가 봄이 되면 역반응이 일어나서 드라이아이스의 얼음은 증발한다. 극관은 여름에도 전체가 사라지지 않고 일부는 남아 있는데 그 이유는 물의 얼음이 녹거나 승화하지 않기 때문이다. 극관에는 많은 물의 얼음이 있어서 남극의 얼음을 녹이면 전체 표면을 11미터의 두께로 덮을 수 있다. 영구동토층은 극에서 위도 약 60°까지 펼쳐져 있다. 이곳에도 많은 양의 얼음이 존재한다. 화성에는 이렇게 물이 풍부한 편이므로 앞으로 화성에 인간이 기지를 만든다고 해도 물 걱정은 하지 않아도 될 것이다.

화성 표면의 여러 지형은 다음 과정을 통해서 형성되었을 것으로 믿어진다. 화성이 처음 형성된 후 운석 충돌로 생긴 운석공이 표면을 덮게 된다. 얼마 후 화성은 층상 구조를 이루게 되어 핵, 맨틀, 화성각(火星殼)이 형성된다. 그 후 화성각이 균열을 일으켜서 타르시스 산맥과 같은 거대한 산맥의 지형이 생긴다. 이

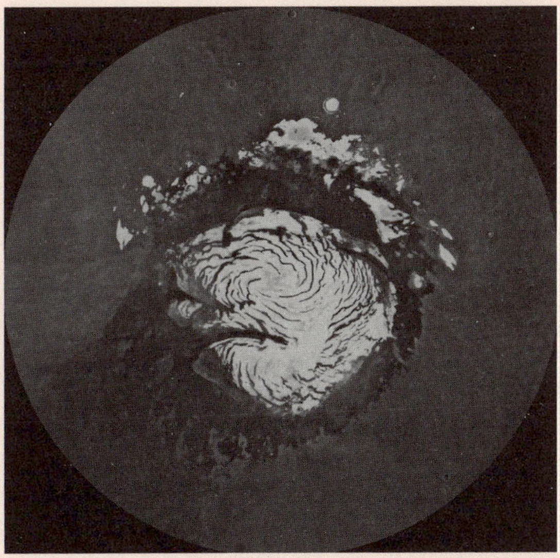

얼음과 드라이아이스로 이루어진 극관

때 현재보다 더 짙고 온도가 높은 원시 대기가 형성되어 화산 폭발로 뿜어져 나오는 수증기를 상당량 잡아둔다. 이 수증기로 인해 비가 내리고, 흐르는 물이 골짜기를 파이게 하고 표면을 침식해 원시 표면을 조금 바꾸어 놓는다. 그 다음 단계로 일어난 것이 대대적인 화산 활동이다. 대부분의 분화구와 용암이 흐른 자국이 이때 생긴 것이다. 그 후는 화성 표면이 바람에 의해서 조금씩 침식당하였을 뿐이다.

희박한 대기

화성의 대기는 희박해서 표면에서의 기압이 0.3~11.5hPa이며, 평균 6.0hPa이다. 이는 지구(1,013hPa)의 0.6%에 불과하다. 이 값은 지구 표면으로부터 고도 35킬로미터의 밀도와 같다.

화성은 중력이 지구의 38%에 불과하고 온도는 낮으나 대기의 평균 분자 무게가 50%나 높기 때문에 대기의 밀도가 e=2.71828배 줄어드는 높이인 높이 척도(scale height)는 약 10.8킬로미터(지구는 6킬로미터)이다. 이 기압은 지구에서 40킬로미터 고도의 기압에 해당한다. 대기의 성분도 지구와는 달라서 이산화탄소 95.32%, 질소 2.7%, 아르곤 1.6%, 산소 0.13%, 일산화탄소 0.08%이고, 그 외에도 약간의 수분, 산화질소, 네온, 수소-중수소-산소, 크립톤(krypton), 제논(Xenon) 등이 발견되었다. 이러한 구성은 금성의 대기와 비슷한 것이다. 대기에는 지름이 약 1.5마이크로미터인 먼지가 많이 포함되어 있어서 화성 표면에서 보면 하늘이 황갈색으로 보인다. 태양계 행성들 중에서 가장 큰 51 km/s의 먼지폭풍이 분다.

열은 대기, 지평선이 좁은 선으로 보인다

대기에서는 약간의 메테인도 탐지되었다. 화성에서는 매초 0.6킬로그램의 메테인이 발생하는데 이는 매년 270톤에 해당한다. 화성에서 메테인이 파괴되는 수명은 약 4~0.6지구년이다. 이렇게 짧은 수명을 생각하면 화성에서 메테인을 방출하는 활동적인 근원이 있어야 한다. 가능한 근원으로 화산 활동, 혜성 충돌, 그리고 메테인 생성 미생물 등을 생각할 수 있다. 메테인은 화성에 흔한 물, 이산화탄소, 감람석 등이 포함된 사문석화작용(蛇紋石化作用, serpentinization)이라고 불리는 비생물학적인 과정에 의해서 만들어질 수도 있다. 메테인이 확산된 연기 기둥 모양을 이루는 것으로 보아 메테인이 특정한 곳들에서 방출되고 있음을 알 수 있다. 북반구에서 한여름에 주요 메테인 기둥은 19,000톤이나 되는데 이는 방출량이 매초 0.6킬로그램인 것으로 추산된다. 국지적인 방출 영역은 260°W, 30°N와 310°W, 0°N인 것으로 밝혀졌다.

화성의 대기에는 수분이 거의 없어서 극히 건조하다. 그러나 지구 대기에 비해서는 중수소가 많다. 그러나 화성 내부의 화학 조성은 지구와 비슷한 것으로 생각되고 있다. 그런데 최근 화성 암석의 조각으로 생각되는 SNC 운석에서 수소에 대한 중수소의 함량비가 지구에서보다 훨씬 높다는 사실이 발견되었다.

화성에는 대기가 희박하기 때문에 온도의 변화가 크다. 화성이 태양에 가장 가까이 접근하였을 때 적도에서 밤과 낮의 온도 차이는 거의 100℃에 이른다. 화성 표면의 온도는 가장 낮은 겨울 극관의 -143℃에서 가장 높은 여름 적도의 35℃로 차이가 크다. 바이킹 1호가 착륙한 북위 23°의 표면에 가까운 대기의 온도는 -29~-85℃이고, 이보다 훨씬 북쪽인 바이킹 2호의 착륙 지점에서는 겨울 밤의 온도가 -100℃까지 내려갔다. 표면의 바위와 토양에는 서리가 내리며, 이 서리는 봄이 되어야 녹는다.

화성의 1년은 지구의 1년에 거의 2배에 가깝게 길기 때문에 화성의 계절 길이도 지구의 약 2배이다. 화성은 태양으로부터의 거리가 지구의 1.52배로 멀기 때문에 태양 빛을 받는 양도 지구의 43%에 불과하다. 또한 화성의 궤도 이심률은 지구보다 5.6배 크기 때문에 이것이 계절에 따른 온도에 영향을 미친다. 근일점일 때는 남반구가 여름이고 북반구가 겨울이며, 원일점일 때는 남반구가 겨울이고 북반구가 여름이다. 그래서 남반구의 계절이 더 극한적이고 북반구가 온화하다.

화성 대기는 중층, 상층, 그리고 외기권으로 이루어졌다. 중층 대기는 제트기류(jetstream)가 흐르는 영역이고, 상층 대기 또는 열권은 태양열로 온도가 높은 영역으로, 이 영역에서는 대기 가스가 아래층에서와 같이 서로 섞이지 않고 서로 분리되기 시작한다. 외기권은 고도 200킬로미터 이상으로, 이 영역에서는 희박한 대기의 상층이 우주 공간의 진공과 만나는 영역으로 대기가 서서히 사라져서 확실한 경계가 없다. 화성의 대기는 과거에 지구와 같았을 것이다. 표면은 종종 노란색의 구름에 의해서 가려지는데, 이러한 먼지폭풍은 계절에 따라 표면의 색깔을 바꾸어서 과거에는 이것이 계절에 따른 식물의 색깔 변화로 생기는 현상으로 생각되기도 하였다. 대기 중의 먼지는 태양빛을 흡수 산란하여 대기의 온도는 높이고 표면의 온도는 낮춘다.

화성도 과거에는 지구와 같은 환경, 즉 두터운 대기와 풍부한 물이 있었으나 수억 년의 긴 세월이 지나면서 모두 달아나 버렸을 것이다. 대기 상실의 정확한 메커니즘은 아직 분명하게 밝혀지지 않았으며, 단지 세 가지 가능성이 제안되었다. 첫째는 물이 있으면 이산화탄소가 암석과 작용해서 탄산염을 형성하여 대기의 가스를 행성 표면에 묶어 둔다. 그런데 지구에서는 판구조론으로 화산이 폭발하여 이산화탄소가 대기로 계속 공급되는 데 반해 화성에서는 그러한 판구조론의 결핍이 침전물에 묶인 가스의 활동을 막고 있을 것이다.

둘째는 전체 표면을 둘러싸는 자기구(磁氣球)가 없어 태양풍이 지속적으로 대기를 사라지게 한다는 것이다. 주로 철로 이루어진 행성의 중심핵에서 대류가 일어나면 자기장을 일으키는데, 이러한 다이나모(dynamo)가 오래전에 종결되어 화성의 자기장은 사라졌다는 것이다. 화성은 아직도 표면의 약 40%를 덮는 한정적인 자기장을 가지고 있는데, 균일하게 덮어서 태양풍으로부터 대기를 보호하는 것이 아니라 자기장이 작은 우산 형태로 남반구에 모여 있다. 마지막으로 41~38억 년 전 많은 소행성의 충돌이 중력이 작은 화성에서 대기를 우주 공간으로 날려 보냈을 것이라는 제안이다.

지구를 닮은 내부 구조와 약한 자기장

화성도 지구와 같이 형성 초기에 물질의 분화 과정을 거쳤다. 그래서 철이나 니켈과 같은 무거운 물질이 중심부로 가라앉고 흙 성분인 규소 등의 가벼운 원소들이 바깥층을 이루는 층상 구조를 갖게 되었다. 현재 알려진 화성의 내부 구조의 모델은 중심 영역의 반지름이 약 1,794킬로미터이고 구성 물질은 주로 철과 니켈, 그리고 약 16~17%의 황으로 되어 있다. 황화철의 중심핵은 부분적으로 액체를 이루고 있고, 지구의 중심핵에 존재하는 가벼운 원소의 집중도가 두 배이다.

중심핵은 과거에는 활동이 활발하였으나 현재는 조용한 판구조 지각과 많은 화산을 형성한 규산염 맨틀로 둘러싸여 있다. 규소와 산소 외에도 지각의 가장

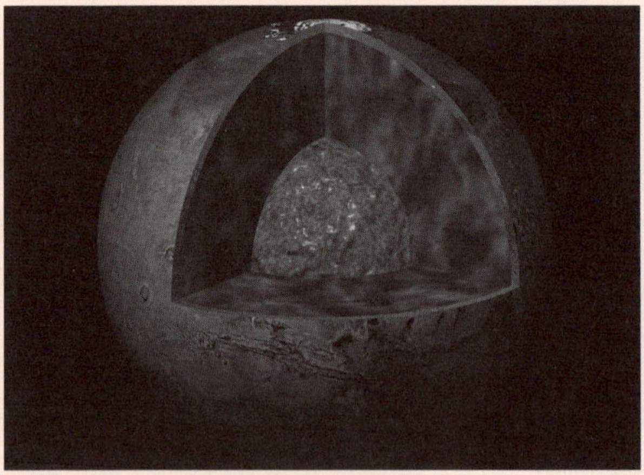

화성의 내부 구조

많은 원소는 철, 알루미늄, 칼슘, 포타슘 등이다. 지각의 평균 두께는 약 51킬로미터이고, 가장 두꺼운 곳은 125킬로미터에 이른다. 지구의 평균은 40킬로미터로, 이것은 화성 지각의 3분의 1에 불과하다.

화성 전체에 걸린 자기장의 증거는 없지만 지각의 일부는 자기화되었고, 과거에는 이중극장(二重極場, dipole field)이 번갈아 변하는 자극 역전도 일어났다. 40억 년 전에는 다이나모 현상이 일어났고 그 후 자기장이 사라졌다. 그러나 MGS 탐사선이 지각의 부분들에 얼어붙어 있는 국지적인 자기장의 패턴을 발견하였는데, 이것들은 지구의 비슷한 자기장의 10배 이상 강하다. 이는 화성의 형성 초기에는 강한 자기장이 있었다는 증거이다. 이로부터 과거에는 화성에서도 내부가 액체로 이루어져 대류가 일어났고 판구조 활동이 활발하였음을 나타낸다.

과거에 화성에 생명체가 있었다면 이 자기장이 그들을 우주복사로부터 보호해 주고 태양풍에 의한 대기의 상실도 막아 주었을 것이다. 화성은 크기가 작고 부피에 비해서 표면적이 커서 빠른 속도로 내부가 식었을 것이다. 판구조 활동도 온도를 내리는 데 큰 기여를 하였을 것이다. 조석에 의해 화성의 모양에 약간의 변형이 일어나는 것으로 보아 화성의 중심핵은 오늘날에도 부분적으로 액체 상태임을 나타낸다. 그래서 지열 활동이 아직 일어나고 있고, 어쩌면 지하의 따뜻한 물의 환경에서 서식하는 생명체가 존재할지도 모른다.

바이킹 우주선들이 화성 지진의 측정을 시도하였으나 실패하여 화성에는 지진이 일어나지 않는 것으로 알려져 왔다. 그러나 최근 화성에서도 지진이 일어나고 있을 것이라는 새로운 학설이 발표되었다. 즉 화성의 암권이 냉각되어 아직도 지진 활동이 일어나고 있을 것이라는 것이다. 노출된 표면의 계곡과 같은 단층이 갈라지는 현상을 측정해서 지진 활동이 추정되었는데, 화성에서는 지구에서 3도 내지 4도에 해당하는 지진이 자주 일어나고 있고 달에 설치된 아폴로의 지진계 정도의 정확도로도 이 지진의 측정이 가능하리라고 한다. 바이킹이 화성에서 지진 측정에 실패한 것은 감도가 낮았기 때문으로 풀이되고 있다.

불규칙한 모양의 두 개 위성

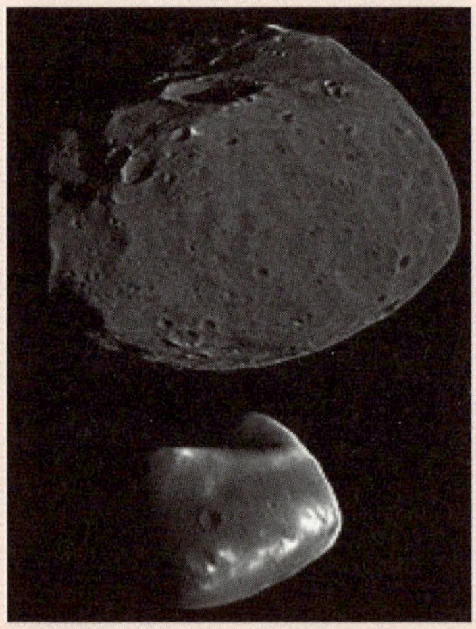

화성의 위성들

포보스와 데이모스라고 불리는 두 개의 위성이 화성 주위를 돌고 있다. 이 위성들은 마치 감자와 비슷하게 표면이 매끄럽지 못한 작은 타원체이고, 표면은 검은 색깔의 운석공으로 덮여 있다. 이 위성들은 화성이 형성된 후 화성 중력에 묶인 소행성들인 것으로 믿어진다. 포보스는 크기가 26.8×22.4×18.4킬로미터, 질량이 1.072×1016킬로그램이고, 데이모스는 크기가 15×12.2×10.4킬로미터, 질량이 1.48×1015킬로그램으로 포보스가 조금 크다.

이 위성들은 화성에 아주 가까운 궤도를 돌고 있으므로 공전 속도가 대단히 빠르다. 안쪽 궤도를 도는 포보스는 7시간 39분에 화성을 한 바퀴 돈다. 포보스는 화성의 자전보다 더 빠르게 궤도를 돌아서 화성의 하늘을 서쪽에서 떠서 동쪽으로 4시간 30분 만에 가로지르고 11시간 후에 다시 나타난다. 바깥쪽 궤도를 도는 데이모스는 공전 주기가 30시간 18분으로 지구의 달과 같이 동쪽에서 떠서 서쪽으로 지지만 화성의 하늘에 2일 반 동안 남아 있다. 지구의 달과 같이 이 위성들은 모두 한 쪽 면만을 화성에 면하고 있다.

Exploration of Mars and Search for Martian Life

7. 화성 생명체의 탐사

생명체란 무엇인가?

우주에서 지금까지 알려진 유일한 생명체는 지구 생명체이다. 그래서 생명체에 관한 우리의 지식은 탄소를 기반으로 하는 지구 생명체에 한정되어 있다. 화성에 생명체가 있다면 그들도 지구 생명체를 닮았고 같은 기원을 가졌을 가능성이 높다.

우주에는 수소부터 우라늄까지 92종의 원소가 존재한다. 생명체 물질의 95%는 수소, 산소, 탄소, 질소의 네 가지 원소로 이루어져 있다. 이 원소들이 생명체의 기본 단위가 되고 이들이 모여서 생명체의 구성 분자를 이룬다. 물질은 모두 우주에서 만들어졌는데, 가장 가벼운 수소와 헬륨의 일부는 137억 년 전 우주가 탄생할 때 만들어졌고, 그보다 무거운 탄소, 산소, 칼슘, 철 등은 모두 별의 내부에서 만들어졌다. 철보다 무거운 원소들은 별이 수명을 다해서 폭발하는 초신성이 될 때 합성되었다. 생명체는 오랜 옛날에 죽은 별들의 재로 이루어진 것이다.

원자는 양성자와 중성자로 이루어진 핵과 핵 주위를 도는 전자로 이루어졌다. 원자의 가장 외곽을 도는 전자가 다른 원자와 공동 소유가 되면 그 두 원자는 결합한다. 탄소가 특히 그러한 결합을 잘 이루어서 생명체 형성에 필요한 길고 안정적인 분자의 사슬을 형성한다. 지구 생명체는 탄소로 이루어진 유기 분자에 근거를 두고 있다.

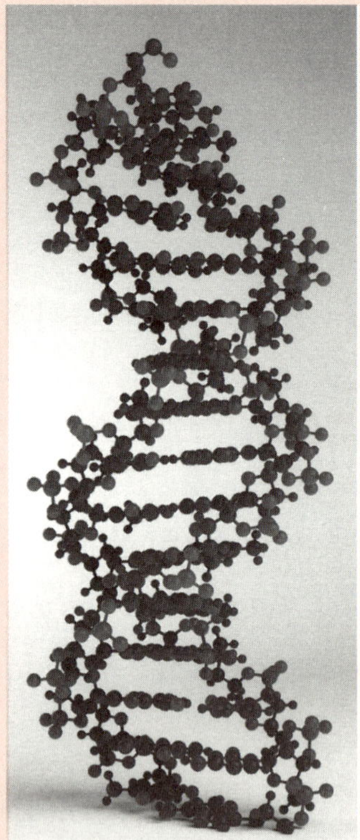

DNA (자료: shutterstock)

물질이 모여서 생명체를 구성한다고 해서 모두가 그런 것은 아니다. 모인 물질이 어떻게 구성되었느냐에 따라서 달라진다. 물질이 어떤 복잡한 조직을 이루어야만 하는데, 복잡하다고 해서 모두가 생명체를 이루는 것은 아니고 조직화된 복잡성을 가져야 한다.

생명체는 계속 변화를 일으킨다. 세

포는 죽고 새로운 것으로 대체된다. 세포가 대체되지만 우리의 얼굴 모습은 원형을 그대로 간직한다. 생명체는 복제가 가능해야 한다. 그렇다고 변하는 것이 모두 생명체는 아니다. 불꽃이나 물의 흐름이나 구름도 계속 변한다. 그러나 우리는 이것들을 생명체라고 하지 않는다. 생명체는 '복제하고 변이를 일으키고 그 변이를 복제하는 것'이라고 간단히 말할 수 있다. 생물은 복제할 때 그들이 가진 조직체를 전달한다. 복제될 때 부모와 다르게 나타날 수 있는데, 이것을 '돌연변이'라고 한다. 생물에서 일어나는 돌연변이는 생명체를 변화시켜서 더 복잡하게 만들거나 환경에 더 잘 적응하도록 생물학적 진화를 유도한다.

생명체는 두 가지 기본형 분자에 의해서 유지된다. 그것은 생명체를 구성하는 단백질과 핵산이다. 핵산으로는 디옥시리보핵산 DNA와 리보핵산 RNA가 있는데 이들은 생명체의 복제를 가능하게 하는 유전 암호를 가지고 있다. 단백질은 약 20종류의 서로 다른 아미노산으로 구성되어 있고, 핵산은 더 작은 기본 단위인 뉴클레오타이드(nucleotide)로 이루어져 있다.

DNA, RNA, 그리고 단백질은 서로 밀접한 관계를 가지고 있다. 정보는 DNA에서 RNA로 전달되고 RNA는 단백질을 합성하고, 합성된 단백질의 일부는 DNA로 돌아가서 RNA의 생산을 조절한다. 이러한 구성단위들은 우주에 흔한 수소, 탄소, 질소, 산소, 그리고 몇 가지 다른 원소들이 간단히 결합한 것이다.

세포는 태양 에너지를 받아 단백질로 하여금 효소의 역할을 하게 하여 화학작용을 수행한다. 세포의 핵은 DNA를 사용하여 효소를 합성하며 DNA의 줄은 수십억 개의 원자로 이루어져 있다. 화학적으로 DNA는 네 종류의 염기, 당, 인산 각 한 분자가 하나의 뉴클레오타이드를 이루고, 이것이 결합하여 DNA 사슬을 구성한다. DNA는 세포 내의 단백질 기능에 관한 정보를 제공하는 유전 암호를 지니고 있어 자손이 이 정보를 세습받게 한다.

지구 생명체의 기원

지금까지 알려진 유일한 생명체인 지구 생명체는 어떻게 탄생하였을까? 지구는 약 45억 년 전에 탄생하였고, 생명체는 그로부터 8억 년이 지난 약 37억 년 전에 생겨났다. 인간이 생겨난 것은 300만 년 전에 불과하다.

생명의 진화론과 지구 초기의 여러 조건으로 보아 생명체는 지구 상에서 느린 화학적, 생물학적 진화의 과정으로 무생물에서 자연적으로 태어났을 것으로 믿어진다. 다윈(Charles Darwin)이 1859년 『종의 기원(The Origin of Life)』을 발표하기 전까지는 생명체가 무생물에서 임의로 탄생한다는 견해가 널리 받아들여지고 있었다. 그러나 이러한 견해는 생물 종은 생명체가 환경에 적응하려는 진화 과정에서 탄생한다는 진화론에 밀려나게 되었다.

1871년 다윈은 "생명은 암모니아, 인산염, 빛, 열, 전기 등이 있는 따뜻하고 작은 연못에서 자연적으로 생겨났다."라고 하였다. 생명은 느린 진화의 과정을 통해서 생겨났다는 것이다. 1936년 러시아의 화학자 오파린(Alexander Oparin)은 "지구의 초기 대기는 암모니아와 메테인, 수소 그리고 물이 많고 산소는 거의 없었다. 여기에서 여러 종류의 유기 물질이 형성되었고 이것이 비로 바다에 내려서 '생물 이전의 수프(prebiotic soup)'를 형성하였다. 이러한 최초의 유기 물질은 아주 단순하였다."라고 하였다.

다윈 (자료: Wikemedia commons)

영국의 생물학자 할데인(J. B. S. Haldane)도 이와 비슷한 이론을 주장하였다. 그는 오파린과 같이 "원시 대기는 주로 메테인과 암모니아로 구성되어 있고 태양과 다른 원인에 의해서 생긴 에너지가 여기에 공급되어서 생명의 분자가 형성되었다."라고 가정하였다. "이러한 분자가 바다에 쌓여서 뜨겁고 묽은 수프를 형성하였고, 그곳에서 생명체가 형성되어 육지로 이동하였다."라는 것이다.

1953년 미국 시카고 대학의 유리(Harold Urey)와 그의 대학원생이던 밀러(Stanley Miller)는 초기 지구의 조건을 만든 후 생명의 기본이 되는 복잡한 유기 분자를 합성하는 데 성공하였다. 그들은 원시 지구에 풍부하였을 것으로 생각되는 메테인, 암모니아, 물, 수소를 섞고, 여기에 원시 대기에서 일어나는 번개와 같이 전극을 연결하여 방전을 시켰다.

일주일 정도 지나자 그곳에 어두운 갈색의 아미노산 혼합물이 생겼다. 아미노산은 생명체의 기본 물질인 단백질을 형성하는 복잡한 분자이다. 이러한 결과는 다른 과학자들에 의해서도 확인되었다. 이 실험은 지구가 냉각되어 바다가 생기면서 그곳에 생명의 전신이 생겨났음을 보여 주고 있다. 다른 실험에서는 당과 단백질의 더 큰 덩어리 같은 더 복잡한 분자가 만들어졌다.

그러나 태양계에서 가장 먼저 생긴 고체 물질인 운석에서도 아미노산이 발견되는 점으로 보아 아미노산은 지구가 형성되기 이전부터 태양계에 있었을지도 모른다. 아직 발견되지는 않았지만 별들 사이에 있는 가스 구름인 성간운에서 여러 가지 복잡한 유기 분자가 발견되는 것으로 보아 그곳에도 아미노산이 존재할 가능성이 높다.

아미노산과 다른 복합 분자가 생긴 후에 이들이 어떤 작용을 하는지는 확실하지 않다. 그러나 이들이 생명체 복제에 필요한 DNA나 RNA로 합성되는데, 초기 지구에서와 같은 조건에서의 실험으로도 DNA와 RNA 전체는 아니지만 그 조각이 만들어졌다. 이들이 어떻게 결합하여 세포가 만들어지는지는 확실히 알려지지 않았다.

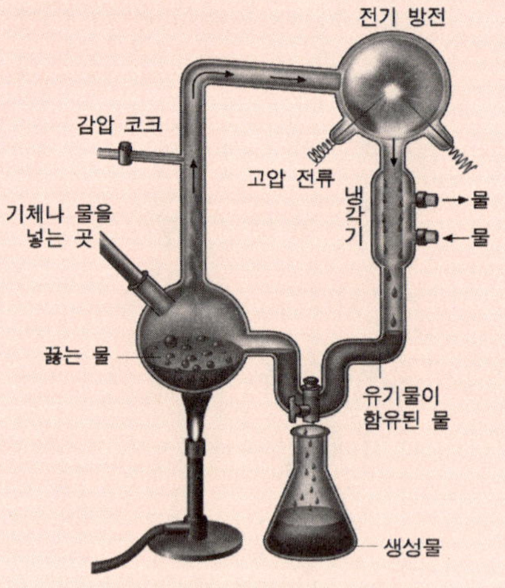

유리와 밀러의 실험 장치

이 물질들은 성장하여 그 성질이나 크기가 분자 물질과 세균 사이의 중간 존재에 해당하는 바이러스가 된다. 바이러스는 보통의 생명체와 같이 자기 증식이나 성장을 하지 못하지만 일단 수용액 속에 들어가 다른 생물의 세포를 만나면 그 세포막에 붙어서 자기 DNA를 침입시키고 자기 증식을 일으킨다. 생명의 생성 과정은 물질에서 시작하여 바이러스를 거쳐 생명체가 된 것으로 믿어진다.

최초의 생명은 해수의 표면이나 물과 바위가 만나는 곳에서 생겨났을 것이다. 그러나 당시 지구의 대기 중에는 산소가 거의 없었으므로 태양의 자외선을 막아 줄 오존층이 형성되지 않았었다. 그래서 생명체가 살아남기 위해서는 자외선을 막아 주는 깊이인 수면 수 센티미터 아래로 내려갔을 것이다. 자외선이 물을 분해시켜 산소가 대기 중에 쌓이기 시작하면서 오존층이 형성되기 시작하였다. 식물이 광합성을 일으켜 산소가 만들어지면서 오존층은 두터워져 자외선이 거의 차단되었다. 그렇게 해서 지구 상에 생명체가 번성하게 된 것이다.

스웨덴의 화학자 아레니우스(Svante Arrhenius)는 1907년에 지구의 생명체가 진화한 것이 아니라 수십억 년 전에 우주에서 왔다는 포자(胞子) 가설을 주장하였다. 이 가설에 따르면 우주를 떠돌면서 여기저기에 새로운 생체계를 형성하던 아주 작은 포자형의 생명체가 지구에 상륙하였다는 것이다. 그는 포자가 빛의 복사압에 의해서 우주 공간에서 운반되며 포자가 화성에서 지구로 오는 데 20일밖에 걸리지 않고, 가장 가까운 별에서 태양계에 도달하는 데 9,000년이 걸린다는 사실을 계산해 냈다. 비록 생명체가 외계에서 왔다고 하더라도 생명체의 기원에 관한 문제가 해결된 것은 아니고 단지 장소를 다른 곳으로 옮겼을 뿐이다.

이와 비슷한 주장이 최근 미국의 바다(Jeff Bada)에 의해서 제기되었다. 그는 유기 물질이 운석, 혜성, 그리고 먼지입자에서 왔다고 주장하고 있다. 이 물질들은

| 머치슨 운석

상당한 양의 유기 물질을 포함하고 있다. 예를 들어 탄소 석질(carbonaceous chondrite)로 알려진 운석은 5% 이상이 유기 물질로 이루어져 있다.

1969년 9월 28일 오스트레일리아의 퍼스 북쪽 400킬로미터에 위치한 작은 도시 머치슨(Murchison)에 탄소 석질(石質) 운석이 폭발하여 조각으로 떨어졌다. 머치슨 운석이라고 불리는 이 운석은 약 82킬로그램이 회수되었는데, 이 운석에는 지구의 단백질을 형성하는 20종의 아미노산 중 8개를 포함해서 70개 이상의 서로 다른 아미노산이 포함되어 있었다. 특히 관심거리는 운석에서 발견되는 유기 물질의 방향성이다.

대부분의 유기 물질은 탄소 유전자 주위에 결합된 3차원적인 배열만이 달라서 서로 반사된 모습을 가지고 있다. 이것들은 왼손 방향과 오른손 방향이라고 부른다. 어떤 이유에서인지는 몰라도 지구 상의 아미노산은 왼손 방향만 사용한다. 이것은 아마도 생물 이전의 수프에 오른손보다는 왼손 방향의 것이 약간 더 있었기 때문인 것 같다. 그러나 어떻게 그런 일이 벌어졌는지는 분명하지 않다.

1970년대 초에 탄소질(carbonaceous) 운석에서 왼손 아미노산의 초과가 실제로 발견되었다. 이것은 생물 이전의 수프에서 운석, 혜성, 먼지가 왼손의 것을 더 많이 가져오게 되어 왼손의 것이 초과되었다는 가설을 가능하게 한다. 어쩌면 더 복잡한 DNA나 RNA, 그리고 단백질이 외계에서 들어왔는지, 더 나아가서 아레니우스의 주장대로 생명의 포자가 외계에서 들어왔는지도 모를 일이다. 별과 별 사이의 성간운에서는 많은 종류의 유기 분자가 전파천문학자들에 의해서 발견되고 있다. 이들 중에는 생물학적으로 중요한 이산화탄소, 사이아노젠(cyanogen), 에틸알코올, 메틸라민 등도 포함되어 있다. 단순한 물질이 복잡한 유기 물질로 결합하는 것은 극히 자연적인 현상이다. 지구는 이러한 유기 분자를 포함하고 있는 성간운에서 탄생하였다.

외계의 유기 물질이 지구로 얼마나 떨어지느냐를 알아내기 위해서 과학자들은 인간에 의해서 가장 적게 오염된 남극의 바다에서 얼음을 채취하여 분석하는 작업을 하였다. 이곳에는 우주에서 들어온 아주 작은 입자인 밀리미터 크기의 미소운석이 포함되어 있었다. 이것들은 지구로 들어올 때 운석과는 달리 마찰에 의한 열을 받지 않아 그 안에 들어 있는 유기 물질이 파괴되지 않고 잘 보존되어 있었다.

지구 형성 초기에는 행성과 작은 천체들과의 충돌이 보편화된 일이었다. 많은 위성들, 특히 달 표면에는 아직도 수많은 크레이터가 남아 있다. 지구에도 작은 천체들이 많이 떨어졌겠지만 비바람과 지질 작용에 의해서 모두 지워졌을 것으로 짐작된다.

그러나 포자 가설을 사실로 믿기에는 문제가 있다. 먼저 포자가 우리 은하에서 퍼지려면 상당히 긴 시간이 걸릴 뿐만 아니라 포자가 아주 평범한 지구에까지 와서 씨를 내리려면 그 수가 엄청나야 한다. 그보다 더 중요한 것은 포자가 우주 공간의 자외선과 우주선 입자 등에 의해서 손상을 입지 않고 살아남을 수 있을 가능성이 희박하다는 점이다.

그러나 최근 독일 퀼른 소재 독일항공우주센터(DLR)의 호르넥(Gerda Horneck) 팀은 우주 궤도상에 병원균을 보내는 실험을 통해 아레니우스의 이론을 입증하는 결과를 얻었다고 밝혔다. 수십억 년 전 박테리아를 내포한 운석이 우주여행 끝에 지구에 떨어진 후 번식하여 원시생명체로 진화하였다는 아레니우스의 가설을 입증하기 위해 호르넥 연구팀은 유럽 ESA의 바이오팬(Biopan) 계획 아래 1994년, 1997년, 1999년 세 차례에 걸쳐서 러시아의 포톤(Foton) 위성에 토양균인 고초균(Bacillus subtilis)을 실어 보낸 후 원격실험을 실시하였다.

연구진은 위성 이륙 후 고초균 포자 5,000만 개를 실은 저장함의 뚜껑을 열어 10~15일간 우주 환경에 노출시켰다. 이 실험에서는 1센티미터 간격으로 진흙, 적색 사암, 화성 운석, 인공 화성 토양의 입자들을 섞은 광물질에 고초균을 집어넣어 우주로 보냈다. 그 결과 샘플 중 대부분에서 고초균 포자가 우주의 거친 여행에도 불구하고 생존하는 놀라운 결과를 보였다. 따라서 박테리아가 진흙 같은 안전한 곳에 포함되어 있을 경우 다른 행성에서 지구까지 이르는 우주여행을 충분히 감내하고 살아남을 수 있다는 것을 추론할 수 있게 되었다.

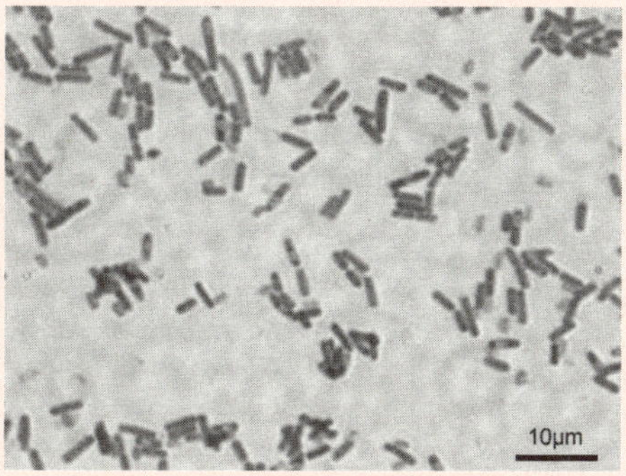

고초균

영국 웨일스 대학의 호일(Fred Hoyle)과 위크라마싱헤(Chandra Wickramasinghe)는 1970년부터 우주 공간에 일부 생명의 구성단위는 물론 생명체 그 자체도 존재한다고 주장하였다. 그들은 성간 공간에 있는 먼지 입자의 크기가 건조된 박테리아의 크기와 비슷한 점을 들어 이러한 먼지 입자가 실제로 박테리아일 것으로 생각하고 있다. 이러한 성간 미생물의 일부가 혜성의 얼음에 섞여 있다가 태양에 가까워지면서 혜성에서 증발하여 궤도를 도는 지구에 끌려 들어왔다는 것이다.

지금까지 제시된 지구 생명체의 기원에 관한 여러 가지 주장을 알아봤다. 아직 어떤 결론을 내릴 수 있는 단계는 아니지만 그 가능성은 크게 두 가지로 나누어진다. 첫 번째는 생명체가 지구에서 자연적으로 생겨났다는 것이고, 두 번째는 생명체가 우주에서 들어왔다는 것이다. 앞으로 외계에서, 특히 화성에서 생명체가 발견된다면 그 발견은 지구 생명체 기원의 수수께끼도 풀 수 있는 단서를 제공해 줄 것이다.

참고로 외계 문명체를 탐사하는 SETI 과학자들은 어느 행성에 생명체가 나타날 수 있는 방법으로 세 가지를 생각하고 있다. 첫 번째는 생명체가 여러 행성에서 독립적으로 생겨나서 진화한다는 것이다. 두 번째는 어느 한 행성에서 생명체가 생겨났으며, 그 씨앗이 다른 행성으로 전파되어 그곳에서 번성하고 진화한다는 것이다. 세 번째는 상당히 진화되어 기술적으로 앞서가는 생명체가 적절한 자연환경을 가진 행성으로 이주해 와서 그곳을 식민지화하는 것이다. 이들의 공통적인 생각은 적어도 지구가 생명체를 서식시키는 유일한 천체는 아니라는 것이다.

생명체가 살아갈 수 있는 조건

생명체가 살아가려면 액체의 물과 에너지, 그리고 물질이 있어야 한다. 이 관계는 아인슈타인의 유명한 물질과 에너지와의 상관관계와 비슷한 형태의 다음과 같은 상징적인 관계식으로 나타낸다.

$$H = WE^2$$

여기에서 H는 생명체가 살 수 있음(habitability), W는 물(water), E는 두 개인데 하나는 원소(element), 그리고 다른 하나는 에너지(energy)를 나타낸다.

물이 있어야 복잡한 탄소를 기반으로 한 분자 형성의 환경이 조성되며, 에너지는 태양과 같은 별에서 공급된다. 그래서 생명이 서식할 수 있는 행성은 태양과 같은 별 주위에 형성되는 서식 가능 대역인 HZ(habitable zone, 이것은 뒤에서 상세히 설명) 내에 있어야 한다.

적절한 온도는 생명체가 살아가는 데 필요한 조건이다. 생물이 살아가기에 적당한 온도의 범위를 정확하게 한계 지울 수는 없지만 지구 생물의 경우는 대체로 물이 액체 상태가 되는 온도의 범위에서 살아간다. 대체로 끓는 물에서는 원시 생물조차도 살아남지 못하고, 얼음 속에서는 생물이 살아남는다고 하여도 화학 반응 속도가 느려져서 활동이나 번식 행위가 거의 이루어지지 않는다. 그러나 영하 수십 도의 남극에서도 생물이 살고 있고, 수백 도의 펄펄 끓는 못에서도 박테리아가 발견되고 있다. 지구에서 원시 생물이 존재할 가장 낮은 온도는 -60℃ 정도로 생각된다. -70에서 -150℃의 낮은 온도나 수천 기압을 견디는 생물들이 깊은 바다 속에 존재한다.

파이롤로버스 푸마리(pyrolobus fumarii)라는 벌레는 '뜨거운 것을 사랑하는 생물(hyperthermophiles)'로서 1997년 대서양 중부 해저 3,650미터의 뜨거운 분출구에서 발견되었다. 이 벌레는 90℃와 113℃ 사이에서만 자라고 120℃에서 1시간 이상 견딜 수 있다. 사람은 3도의 화상을 입을 수 있는 온도인 90℃에서 이 벌레는 열 부족으로 성장을 멈춘다. 이러한 높은 온도를 견딜 수 있는 열쇠는 열 스트레스가 증가할 때 이 벌레를 형성하는 분자를 변하지 않게 하는 여러 가지 작은 차이에 있다. 미국의 옐로우스톤 국립공원에는 황화수소나 철을 먹이로 하는 미생물이 존재한다. 테르무스 아쿠아티쿠스(thermus aquaticus) 같은 미생물은 온도가 80℃ 이상 되는 뜨거운 곳이나 독성이 있는 물질 속에서 살고 있다.

일반적으로 단백질, 핵산, 지질과 같은 생물학적인 대형 분자들은 저온에서는 딱딱해지고 온도가 증가하면 유연해진다. 이 과정 중에 특수한 분자 종류가 가

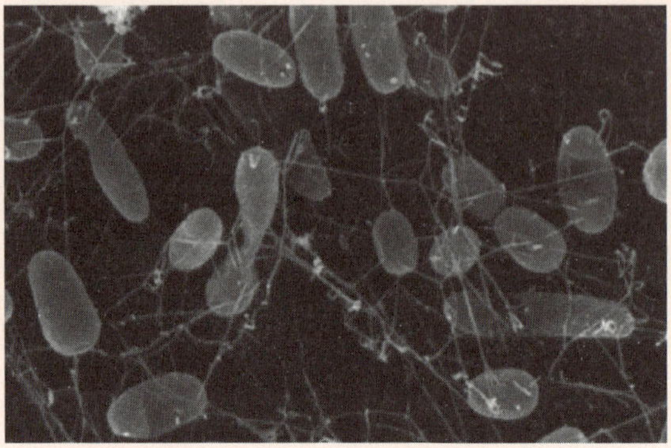

파이롤로버스 푸마리

장 기능을 잘 발휘하는 온도가 있다. 이들 분자들은 이보다 낮은 온도에서는 다른 분자와 작용하도록 분자의 형태를 신속하게 조절하지 못하는 반면, 너무 높은 온도에서는 불안정하게 되어 결국은 되돌아갈 수 없을 정도로 부서진다. 그러나 뜨거운 것을 사랑하는 생물에서는 보통의 유기체보다 더 높은 온도에서 적절한 유연성을 갖는다는 것이다.

지구 상에는 온도뿐만 아니라 다른 극한 상황에서 생존이 가능한 생명체도 있다. 박테리아와 조류(藻類)는 원자로의 방사능으로 오염된 냉각수에서도 살아간다. 박테리아는 자동차 배터리의 산(酸)에서도 살고, 산소를 필요로 하지 않는 박테리아도 있다. 박테리아는 지하 수 킬로미터의 깊은 곳에서도 발견되고 있다. 강한 자외선을 견디는 완보동물도 있다. 지구 상에서 가장 건조한 지역인 칠레의 아타카마 사막의 소금기 많은 땅 밑에서도 박테리아와 고세균류가 발견되었다. 땅속 2~3미터 깊이에서 살아가는 이 미생물들은 암염과 무수석고(無水石膏),

과염소산염과 흡수성이 높은 화합물이 풍부한 곳에 서식하고 있었다. 화성에서도 소금 퇴적층과 과염소산염이 발견되어 그곳에도 생명체가 살고 있을 가능성을 높여 주고 있다.

별 주위 생명체 서식 가능 대역, HZ

이론적으로 충분한 대기압을 가진 행성에서 표면에 물을 액체 상태로 유지할 수 있는 별 주위의 대역을 '서식 가능 대역, HZ(Habitable Zone)'이라고 한다. 지구 생명체를 보면 액체의 물이 있어야 생명체가 살아갈 수 있기 때문에 이렇게 불린다. 어느 별 주위 HZ 대역의 위치는 별의 종류와 행성의 상태에 따라 달라진다.

별은 태어난 후 크기와 표면 온도가 변하는 진화를 함으로써 이 대역은 위치도 변한다. 이 대역 안쪽 끝은 너무 더워서 물이 끓어올라 우주 공간으로 사라질 것이다. 바깥쪽 끝에서는 온도가 너무 낮아서 물이 얼음이 된다. 이 대역의 위치는 온실효과나 구름 때문에 생기는 빛의 반사도 등의 여러 가지 복잡한 요인에 의해서 결정된다.

여러 과학적인 모델 계산으로 추정된 태양계 내의 HZ 대역은 그 경계 값이 모델에 따라 많은 차이를 보이고 있지만, 대부분이 태양-지구 평균거리(1AU)의 0.725에서 3.0배 내에 있다. 이 영역에는 원일점일 때의 금성, 지구, 달, 화성, 그리고 왜소행성인 세레스 등이 있다. 그러나 금성의 경우 대기압이 너무 높아서 강한 온실효과가 표면 온도를 엄청나게 높여 놓았고, 화성의 경우는 대기압이

| 케플러-22계와 비교한 태양계의 HZ- 케플러-22계, 태양계, HZ, 수성, 금성, 지구, 화성

너무 낮아서 정상적으로는 액체의 물이 존재할 수 없지만 계절에 따라 특정 지역에는 존재할 가능성이 있다.

그러나 최근 들어 과학자들은 행성 대기에 포함된 분자들의 태양광 흡수척도와 온실효과 등을 고려하여 새로운 HZ 대역 경계의 값을 발표하고 있다. 어느 행성이 액체의 물을 가질 수 있느냐에 강력한 영향을 미치는 것은 대기 중에 있는 물과 이산화탄소 등의 분자라는 것이다. 가장 최근인 2013년에 미국 펜실베이니아 주립대학의 코파라푸(R. K. Kopparapu) 등이 발표한 태양계의 HZ 경계 값은 0.99~1.7 AU 사이의 좁은 띠이다. 지구-태양의 평균거리인 1 AU는 약 1억

5,000만 킬로미터이다. 이 발표가 맞는다면 지구는 HZ의 안쪽 경계 근처에 있고, 화성의 거리는 1.52이므로 바깥쪽 경계에서 약 0.2 AU 안쪽에 있다. 지구에 생명체가 서식하고 진화할 수 있었던 것은 지구가 태양계 내에서 HZ 대역 내에 있기 때문이다.

물의 탐사

생명체는 물이 없으면 살아갈 수 없다. 화성에도 생명체가 존재하려면 반드시 물이 있어야 한다. 물은 과거나 현재 화성에 생명체가 존재하였다는 것을 알아내는 단서가 될 수 있다. 이 때문에 많은 탐사선들이 화성에서 물 발견에 주력해 왔다.

물이 만든 지형

그동안 많은 궤도선들이 화성의 궤도를 돌면서 물을 탐사하기 위해 표면 지도를 그리고 물질을 분석하였다. 그 결과 화성의 표면은 강이나 바다가 없으며 건조한 것으로 밝혀졌다. 그러나 옛날에는 물이 흘렀을 것으로 보이는 강이나 바다 또는 호수의 바닥이 광범위하게 분포되어 있다는 것을 발견하였다. 물에 의해서 갈라진 계곡과 델타 지역과 호수 밑에서 형성된 지층도 보인다. 최근에도 큐리어시티 로버가 화성에서 물이 격렬하게 흘렀음을 암시하는 과거의 강바닥 증거를 발견하였다.

표면 지형으로부터는 화성의 역사적 변화를 짐작할 수 있다. 편평한 북반구 평원은 예전에 하나 또는 두 개의 바다가 있었을 것으로 생각되며, 비교적 최근인 100만 년 전까지도 물이 있었으나 증발하거나 땅속으로 스며들거나 얼어붙었을 것이다. 또한 강바닥이나 도랑에는 적어도 짧은 기간 동안 많은 물이 흘렀을 것으로 보인다. 강이나 호수 주변의 땅은 수분이 많은 진흙과 점토로 이루어져 있으며, 남반구의 넓은 영역에는 비가 와서 형성된 것으로 보이는 갈라진 협곡 망이 존재한다.

탐사선들은 물의 존재를 나타내는 광물질, 표면에서 온천과 눈이 내리는 지역, 그리고 깊은 크레이터 안에 있는 얼음으로 덮인 지역도 찾아냈다. 많은 크레이터에서 충돌체가 진흙에 떨어져서 토양 속의 얼음이 녹아 흐르면서 표면을 진흙으로 덮고 있기도 하다. 진흙과 여러 가지 광물들은 그곳에 한때 물이 흘렀음을 시사한다. 크레이터의 바닥이 얼음으로 덮인 얼음 호수도 발견되었다.

스피릿 로버의 부서진 바퀴가 표면을 긁은 자리에는 물로 형성된 것으로 보이는 실리카가 풍부한 지층을 노출시키기도 하였다. 스피릿은 물로 형성되는 침철광도 찾아냈다. 많은 물에 의해서 형성된 것으로 믿어지는 많은 양의 소금 또는 실리카를 함유한 토양도 관측하였다.

오퍼튜니티도 물의 흔적을 찾아냈다. 이글 크레이터에서 적철석, 자로사이트(jarosite), 황산염 등 형성 당시 물의 존재를 나타내는 광물질을 관측한 것이다. 이 지역에서는 '블루베리'라고 불리는 구형의 적철광의 작은 덩어리들도 발견되었는데. 이것들은 지구에서는 물이 있어야 형성되는 물질이다. 암석에 들어 있는 물의 흔적도 찾아냈다. 토양 속의 어떤 화합물은 바닷물이 증발해 버린 다음에 남는 황과 염소를 함유하고 있었다. 암석의 일부가 비늘 모양으로 겹쳐져 있는데 이는 과거 강한 홍수가 암석들을 물의 흐름으로부터 멀리 밀어 내어 생긴 것이다.

피닉스 착륙선도 여러 가지 물의 증거를 확보하였다. 이 탐사선은 착륙하면서 얼음을 노출시켰는데 얼음 덩어리가 사라지고 눈이 내리고 심지어는 액체 물방울도 관측하였다. 토양 샘플을 가열하였을 때 수증기가 생겨나는 것도 탐지하였다. 또한 토양에서 강한 산화제인 과염소산염(ClO_4)을 확인하였는데, 이것이 물과 섞이면 물의 빙점을 상당히 낮추어 준다. 어쩌면 이 물질이 오늘날 화성 표면에 적은 양이지만 액체의 물을 형성시켰을지도 모른다. 화성에서 발견되는 도랑은 이렇게 녹은 얼음의 물이 작용해서 만들어졌을 수도 있다. 새털구름에서 눈이 내리는 모습도 관측하였다. 구름과 대기의 온도가 -65℃인 것으로 보아 이 눈은 이산화탄소의 드라이아이스가 아니라 물의 얼음으로 믿어진다. 토양에서 탄산칼슘의 발견은 대지가 지질학적인 과거에 물에 젖어 있었음을 나타낸다.

마스오디세이는 표면 아래에 많은 얼음이 있는 것을 밝혀냈다. 화성의 지하에는 미국의 미시간 호수를 채울 만큼 많은 얼음이 있다. 위도 55° 이상으로부터 극까지 지하에 1킬로그램 토양에 500그램의 얼음이 들어 있는데, 적도 근처에는 2~10%만 들어 있다. 이 물들은 물에 의해서 형성된 진흙과 황산염과 같은 광물 속에 갇혀 있다. 영구동토층이 있는 온대지방에 있는 암석은 물을 함유하고 있다.

최근에는 화성에서 날아와 지구에 떨어진 화성 바위의 표본이라고 생각되는 SNC 운석으로부터 화성 내부에 포함된 물의 양에 관한 정보를 얻었다. 이 운석은 화성의 마그마가 결정으로 변한 화성암으로서, 약 250만 년 전 거대한 소행성 충돌에 의하여 우주 공간으로 방출된 것으로 믿어진다. 이 운석의 결정에 얼어붙어 있는 물질을 분석하여 얻어진 초기 마그마에 함유된 물의 양은 무게로 약 14%인 것으로 알려졌다. 이 물 가운데 일부는 먼 과거에 표면까지 흘러나온 것으로 추정된다. 화성에서 관측되는 모든 화성암에서 이러한 물을 전부 빼내면 약 200미터 깊이로 화성 전체를 덮을 수 있는 방대한 양에 해당한다.

수십억 년 전 화성은 물도 많고 대기도 짙었고 온도도 현재보다 높아서 비나 눈도 내리고 강, 호수 그리고 바다까지도 형성되었을 것으로 믿어진다. 그 당시에는 화성에 생명체가 존재하였을지도 모른다.

그렇다면 옛날에 강과 바다를 채웠던 물은 지금 다 어디로 갔을까? 화성은 크기가 지구보다 작아서 중력도 지구보다 작다. 중력이 작고 온도가 높아서 액체의 물은 증발하여 대기 중의 물질과 함께 빠르게 우주 공간으로 흩어져 버렸다. 대기가 엷어지면서 남아 있던 물은 소금과 각종의 광물질과 혼합된 상태에서 모두 얼어붙었을 것이다. 물은 화성을 덮고 있는 붉은 먼지로 덮인 표면 바로 아래에 얼어붙어 있는 것으로 보인다. 화성은 시간이 흐르면서 이러한 영구동토층이 얼었다 녹았다 하면서 형성한 지형을 보여 주고 있다. 그늘이 져서 온도가 낮은 크레이터의 바닥에서 얼음판이 발견되었다.

현재의 화성은 온도가 낮아서 비록 표면에 물이 있다고 해도 얼어붙어서 흐를 수는 없다. 또한 대기압이 낮아서 물이 액체 상태로 존재할 수 없다. 화성의 남북극에 보이는 극관에는 얼음이 두껍게 덮여 있어 지구에서도 흰색으로 뚜렷하게 보인다. 많은 양의 물이 얼음으로 극관에 갇혀 있다. 매년 여름 온도가 올라가면 물이 증발하면서 크기가 줄어든다.

화성 생명체의 탐사

화성에 생명체가 있을 것이라는 생각은 오래전부터 있어 왔다. 17세기부터 화성에는 계절이 있고 극관의 크기가 계절에 따라 변하고 밝은 육지의 색깔이 계절에 따라 바뀌는 것으로 보아 생물이 살고 있을 것으로 믿어졌다. 화성에는 식물이 있어서 계절에 따라 화성 표면의 색깔을 변하게 한다는 것이다. 표면의 밝은 색은 육지이고 어두운 색은 바다로 여겨졌다. 1895년에는 로웰이 화성의 운하는 오래전에 사라진 화성 문명체에 의해서 건설된 것이라고 주장하면서부터 화성인이 등장하였다. 1897년에는 영국의 과학소설가 웰스가 소설 『우주전쟁』에서 화성인의 침략을 그리면서 화성인이 일반인들의 관심거리가 되기 시작하였다.

이렇듯 화성 생명체에 대한 높은 관심과 함께 미국을 비롯한 유럽과 러시아 등 여러 나라들은 1960년부터 잇따라 화성에 탐사선을 보내어 생명체를 직접 탐사하기에 이르렀다. 화성 생명체의 탐사는 다음과 같은 과정을 거쳐서 이루어지게 된다.

1. 궤도선이 생명체 징후의 탐사와 착륙선의 가장 좋은 착륙 지점 선정
2. 천체생물학적인 탐사 장비를 갖춘 착륙선 또는 로버가 물질을 분석하고 생명체 징후 탐사
3. 표면을 굴착하여 물과 유기물 탐사
4. 로봇이 선택된 표본 물질을 회수하여 생물 화학 실험
5. 표본 물질을 지구로 회수하여 분석
6. 인간이 상주하면서 실험실 운영

이와 같은 여섯 단계의 과정 중 현재는 네 번째까지 이루어졌고, 다섯 번째와 여섯 번째는 앞으로 20~30년 내에 실현될 수 있을 것으로 보인다.

이러한 탐사를 위해서는 저극궤도를 도는 궤도선, 화성 표면에서 장기간 장거리를 이동하면서 탐사하는 로버, 표본 물질을 지구로 가져오는 회수선, 그리고 언젠가는 이루어질 인간의 직접 탐사를 위한 유인 화성 탐사선 등을 필요로 한다.

로버는 다음 장비들을 갖추고 탐사에 임한다. 가볍고 전기 소모가 적은 굴착기, 암석이나 굴착한 토양에서 작은 생명체를 탐사하는 고해상도 현미경, 가스의 구성 성분과 온도, 압력 같은 물리적 성질을 알아내는 광학, 자외선, 적외선 분광기, 분자 비대칭성을 측정하여 생명에 관계있는 분자, 아미노산, 단백질 등이 오른손 방향인지 왼손 방향인지를 결정하여 과거와 현재 생명체의 종류를 시험하는 편광계, 목표물에 X선을 쪼여서 반사 또는 산란되는 형광을 측정하여 암석과 토양의 화학적인 정보와 결정 구조를 알려 주는 메스바우어 분광기, 물

질이 빛을 산란시킬 때 변하는 주파수를 측정하여 그 물질, 특히 유기물의 구조와 화학적인 결합 상태를 측정하는 라만(Raman) 스펙트럼 분광기, 고체와 액체의 물질을 증발시켜 가스와 플라스마의 구성을 알아낼 수 있는 레이저 발생기, 대기 · 암석 · 토양 표본의 구성을 알아내는 가스크로마토그래프/질량분석기(GCMS) 등이 탐사에 사용된다.

현재까지 알려진 화성의 생명체 서식 환경에서는 생명체가 있다고 하더라도 그것은 화성의 표면 위쪽보다는 아래쪽에 있을 가능성이 높다. 지하는 표면보다 온도가 높고, 물도 있고, 우주에서 들어오는 해로운 우주와 태양의 복사를 피할 수 있기 때문이다. 이러한 생명체를 찾아내기 위해서는 표면이나 암석을 굴착해야 한다. 그러나 깊이 팔 수는 없으므로 침식으로 발굴된 깊은 곳에 있던 암석이나 지하의 액체가 표면으로 솟아오를 때 함께 올라온 물질을 분석하는 방법이 있다. 맥로린 크레이터가 그러한 곳으로 생각되고 있다. 이미 피닉스와 큐리오시티 로버는 표면을 수 센티미터 깊이로 굴착하여 토양 시료를 수집해서 실험을 마친 바 있다.

큐리오시티 로버

과거나 현재의 생명체가 화성 전체에 퍼져서 살았거나 살고 있지 않을 수도 있다. 이것은 지구에서 사막에 생명체가 살지 않는 것과 비슷하다.

이 때문에 화성 표면 어디에서 생명체를 탐사하느냐가 중요하다. 어디를 파느냐에 따라서도 결과가 달라질 수 있다. 이와 같이 탐사 지역에 따라 발견 확률은 크게 달라질 수 있다. 가장 선호되는 생명체 탐사 지역으로는 다음과 같은 곳이 있다.

1. 고원 지대로 역사적으로 가장 먼저 대기에 노출된 지역이다.
2. 델타와 계곡으로, 이곳은 과거의 바다 밑으로 수화(水化) 광물질이 바람에 날린 먼지나 화산재에 덮이지 않고 아직 노출된 곳이다.
3. 현재 지하수 환경을 가진 곳이나 벽에 물이 흐른 자국이 있는 크레이터, 극관의 가장 자리, 수증기와 메테인을 방출하는 화산의 분기공 등을 들 수 있다.

궤도선은 생명체 탐사의 사전 임무로 궤도에서 고해상도 사진, 표면 광물질의 지도, 표면 근처의 물 측정, 물을 먹은 암석, 지표면 밑의 얼음 측정 등을 한다.

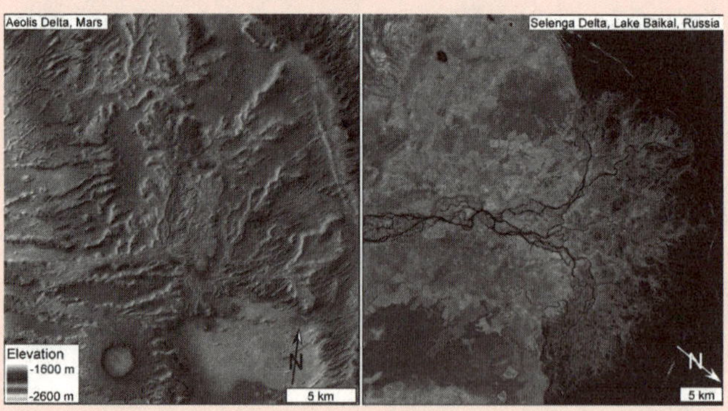

| 화성의 델타 지역

과거 물이 흐른 흔적인 바다와 강의 바닥, 물이 흘러 생긴 지형, 암석의 분광 조사로 내력 조사, 지열 활동, 온도 분포, 땅속을 침투하는 레이더로 지표 아래 물 탐지 등도 한다.

1960년대부터 최근까지 여러 대의 탐사선이 생명체 탐사 활동을 벌여왔다. 1965년 매리너 4호가 화성을 근접 비행하면서 보낸 최초의 화성 표면 사진에는 화성이 건조하고 생명체의 흔적도 보이지 않는 메마른 모습이었다. 또한 화성에는 우주선 입자로부터 생명체를 보호해 주는 글로벌한 자기장이 없다는 것을 발견하였다. 인간과 같은 생명체를 기대하였던 사람들은 실망감이 컸다. 매리너 4호 이후 화성에서의 생명체 탐사는 다세포 생물보다는 박테리아와 같은 더 기초적인 생물을 탐색하는 방향으로 바뀌게 되었다.

1976년 화성으로 보내진 최초의 화성 착륙선인 바이킹 탐사선들의 주목적은

화성 표면의 모습

화성의 토양에서 미생물을 찾아내는 것이었다. 바이킹은 지구에서 발견되는 것과 비슷한 미생물을 찾아내는 네 가지 실험을 수행하였다. 그러한 실험들 중 하나인 표지방출 실험만이 양성 반응을 보였다. 토양을 물과 영양소에 노출시킨 결과 이산화탄소가 더 많이 만들어졌다. 그러나 다른 실험에서는 부정적인 결과를 얻었다. 이 양성 반응의 결과가 화성 생물에 의해서 생긴 것이라는 주장과 생명체 없이도 토양에서 만들어질 수 있다는 주장이 맞서게 되어 결국은 결론을 내릴 수 없었다. 이것이 물질대사 반응의 증거를 발견한 것이라는 주장도 있었으나 다른 실험에서는 유기 분자가 발견되지 않았다.

2004년 스피릿과 오퍼튜니티 로버는 과거에 액체의 물이 화성 표면에 흘렀다는 증거와 함께 그 근처가 소금물의 바닷가였음을 나타내는 화학물질을 발견하였다. 2006년 MRO는 과거에 생물이 살았고 그 화석이 지금도 남아 있을 가능성이 있는 온천을 발견하였다.

2008년에는 피닉스 착륙선이 극지방 평원에 착륙하여 그곳의 표토가 생명이 서식할 수 있는 환경이 되는지를 밝히기 위한 실험을 하여 표면 아래에 물의 얼음이 넓은 영역에 퍼져 있다는 증거를 확보하였다.

마스익스프레스 궤도선은 2004년 대기에서 극히 소량이기는 하지만 메테인과 암모니아, 그리고 메테인이 산화해서 생기는 폼알데하이드(formaldehyde)를 발견하였다. 최근 큐리오시티 로버도 착륙 지점에서 메테인의 양이 5ppb인 것으로 밝혀냈다. 메테인과 암모니아는 대기에서 빠르게 깨어지므로 대기에 이 가스들이 존재하려면 공급이 계속 이루어져야 한다.

대기 중의 메테인 가스가 어떻게 존재하게 되었는지 아직 그 원인은 명확하게 밝혀지지 않았지만 비생물학적인 원인과 함께 생물학적인 원인으로 생겨났을 가능성도 있다. 화성은 매년 270톤의 메테인을 생산하는데, 메테인 생성 미생물(methanogens)과 같은 미생물 형태의 생명체가 메테인의 근원이라는 주장이 제기되고 있다. 만약 미생물이 화성의 메테인을 만든다면 그것은 액체의 물이 존재할 만큼 따뜻한 지하에 살고 있을 것이다. 그러나 미생물은 로버가 탐사할 수 있는 것보다 더 깊은 지하에 살아서 현재는 탐사가 어려울 것이라는 추측이다.

실험에서는 화성에서 발견된 과염소산염이 화성에서 메테인 생성 미생물의 존재를 암시하기도 한다. 사문석화(serpentinization)와 같은 지질학적 작용으로 메테인의 생산이 가능하지만 현재 화성에서 화산과 같은 지질 작용이 거의 일어나지 않아 그 가능성도 희박하다. 운석이 대기를 통과하면서 강력한 열에 의해서 일어나는 화학 반응으로 메테인이 생산되었거나 운석 내 유기화합물이 자외선에 의해서 메테인으로 변환되었다는 주장도 있으나 그 양은 얼마 되지 않는다. 이와 같이 메테인의 공급원은 아직도 결론이 나지 않고 있는 상태이다.

2007년 스피릿 로버는 실리카가 극히 풍부한 지역을 발견하였다. 이러한 일은 온천물이나 화산 암석과 함께 나오는 스팀 효과로 생겨난 결과이다. 이것은 과거의 미생물에 친화적인 환경이 존재하였다는 증거라고 생각하고 물이 있는 곳에서 화산 활동으로 만들어지는 산성가스와 토양이 상호작용하여 실리카가 만들어진다는 이론이다. 온천의 물에 의해서도 실리카가 만들어질 수 있다는 것이다. 지구의 경우로 보면 이러한 환경에서는 생명체가 존재할 가능성이 높다.

현재 큐리오시티 로버는 화성이 과거 또는 현재 생명체 서식이 가능한지 그 증거를 찾고 있다. 큐리오시티의 탐사 영역은 한때 온화하고 중성 pH의 호수와 같은 물이 있는 환경을 가졌음을 보여 준다. 또한 황, 질소, 수소, 산소, 인, 탄소와 같은 생명에 꼭 필요한 화학 성분을 여러 종류 탐지하였다. 그러나 큐리오시티는 생명체를 직접 탐사하는 기기는 갖추고 있지 않다.

2012년 6월에는 과학자들이 화성에서 수소와 메테인의 비율을 측정하여 화성 생명체 존재 여부를 결정할 수 있다고 보고하였다. H_2/CH_4의 비율이 40보다 적으면 생명체가 존재하고 활동한다는 것이다. 큐리오시티 로버가 최근 측정한 H_2/CH_4 비율은 40 이하로서 생명체가 존재하고 활동적임을 나타낸다.

과염소산염은 2008년에 피닉스호가 최초로 극지방에서 찾아낸 데 이어 최근 큐리오시티도 착륙 장소인 게일 크레이터 내 모래 지역에서 이 물질을 찾아냈다. 이것은 이 물질이 화성 표면 전체에 분포하고 있음을 나타낸다. 소금의 일종인 과염소산염은 존재할지도 모르는 화성 미생물의 에너지원이 될 수 있을 뿐만 아니라 과거의 기후를 나타내는 표식이다. 과염소산염이 화성 전체에 분포되어 있다는 사실은 기후, 생명체의 서식, 그리고 현재의 수분 함유 과정 등에 중요한 의미를 갖는다. 지구 상의 미생물은 과염소산염을 에너지원으로 사용하는 것을 알고 있으므로 이 물질은 화성의 생물 서식 가능성에도 중요한 의미를 가지고 있다.

과거에는 화성이 생명체가 서식할 수 있는 환경을 가졌을 가능성이 높다. 그러나 생명체가 과거에 존재하였는지 또는 현재 살고 있는지는 아직 확실하지 않다. 한편 독일우주항공센터(DLR)의 화성모의실험실(MSL)은 현재의 화성 조건에서도 지의류(이끼)가 성공적으로 살아남는다는 것을 실험으로 밝혀냈다.

화성에는 자기장이 거의 없고 생명체를 우주복사로부터 보호해 줄 대기도 아주 희박하다. 그러나 화성의 지하에는 지열 활동이 일어나고 액체 상태의 물이 존재하므로 어쩌면 그곳에 생명체가 존재할지도 모른다. 또한 동굴이나 용암동굴(lava tube)에 살고 있을 가능성도 높다. 화성에는 여러 다른 종류의 동굴이 전체에 퍼져 있다.

2016년에는 NASA가 생물탐사선 AFL을, 2018년에는 ESA가 엑소마스(ExoMars)를 화성에 보내 생명체를 탐사할 계획을 세워 놓고 있다. 이 로버들은 지하에서 얻은 토양 표본에서 유기 분자와 물질대사 활동의 징후를 찾을 예정이다. 엑소마스는 표면을 2미터의 깊이로 파내려갈 계획을 세우고 있다. 2미터의 깊이는 표토 아래 영구적인 지층의 성질을 알아내는 데 충분한 깊이로 생각되고 있다. 그러나 글로벌한 자기장이 없는 화성에서 생명체가 우주복사로부터 살아남으려면 DNA와 RNA가 손상을 피할 수 있는 표면 7.5미터 이하에 서식할 것이라는 주장도 있다. 이 경우 화성에서 생명체를 발견하기 위해서는 표면을 이보다 더 깊게 굴착해야 한다. 그러나 현재까지의 로봇 탐사선으로는 이 깊이의 굴착이 어렵다는 전망이다. 로봇이 지하로 깊게 굴착하고 동굴을 탐사하고 다른 생명이 서식할 수 있는 곳을 조사하기까지는 시간이 너무 오래 걸린다는 것이다. 사람이 1분이면 해 낼 수 있는 일을 로봇이 할 경우 하루가 걸리므로, 즉 인간이 수 미터를 굴착하기는 쉬우나 로봇이 지하 깊게 굴착하는 데는 많은 시간을 필요로 한다. 따라서 로봇이 앞으로 10년 또는 20년 내에 생명체를 발견한다면 그것은 행운이라는 것이다. 어쩌면 생명체의 발견은 인간의 직접 탐사가 이루어진 후에나 가능하지 않을까 하는 생각도 있다. NASA의 AFL 로버도 엑소마스와 비슷한 기능을 가지고 화성에서 생명체를 탐사할 계획에 있으나 아직 재정

지원의 승인을 받지 못해서 실현 여부가 불투명하다.

미국, 유럽, 러시아 등은 2020년대에 화성 토양과 암석의 표본을 회수해서 지구로 가져오는 것도 계획하고 있다. 이 경우 지구 생물에 의한 오염을 방지하기 위한 멸균 소독이 매우 중요하다. 지구로 옮겨진 표본은 본격적인 장비와 전문가로 이루어진 지구의 실험실에서 분석될 것이다. 여기에서는 유기화합물의 분자 구조, 동위원소 비(예를 들어 D/H, $^{12}C/^{13}C$), 그리고 그들의 산화 상태 등을 조사할 것이다. 그리고 바이킹의 결과를 바탕으로 화성 토양에서 어떤 것에 의한 산화가 유기화합물을 파괴시킨다는 주장도 조사한다.

화성에서 온 운석에서 생명체 흔적 발견

지금까지 여러 개의 화성 운석이 지구에서 발견되었다. 이 운석들은 과거 화성에서 화산이 폭발하였을 때 그곳을 이탈해서 지구 인력에 끌려 들어온 것들이다. NASA는 34개의 화성 운석의 목록을 유지하고 있다. 이들 중 적어도 3개가 과거 화성 생물의 존재 가능성을 나타내는 증거가 될 수 있는 바이모르프(bimorph)라고 불리는 박테리아 화석을 닮은 미생물 구조 형태를 함유하고 있다. 대표적인 운석은 ALH84001이라는 운석이다. 이 운석은 바람에 의해서 노출될 때까지 수천 년 동안을 남극의 빙하지대인 알란 힐(Allan Hill)의 얼음 속에 묻혀 있다가 1984년 12월에 발견되었다. 이 운석의 산소 동위원소 수는 지구와는 완연하게 다르고, 다른 동위원소비는 바이킹이 탐사한 화성의 대기 조성비와 비슷하

| 화성에서 날아온 운석 AHL84001

| AHL84001의 구조

다. 크기는 멜론 정도이고 무게는 1.93킬로그램인 이 암석은 45억 년 전 화성이 형성되고 나서 약 1억 년이 경과한 후에 형성된 것으로 믿어진다. 탄소 14의 함량 조사로 이 운석은 1,700만 년 전 화성에 떨어진 운석 충돌로 화성을 떠난 후 태양 주위 궤도를 돌다가 1만 1,000년 전에 지구에 떨어진 것으로 밝혀졌다.

구성 물질 조사에서는 자철석(Fe_3O_4)을 발견하였는데 이 물질은 지구에서는 일종의 미생물과 관련이 있다. 이 운석은 마그네슘, 철, 알루미늄, 칼슘 등을 포함한 규산염 광물인 휘석으로 이루어져 있다. 이 운석의 틈에서는 오렌지-갈색의 구상체(globule)가 발견되었는데, 이것은 물이 있을 때 형성되는 광물인 탄산염인 것으로 알려졌다. 어떤 형태이든 탄소는 지구의 생명체와 연관을 가지고 있으므로 상당히 중요한 원소이다. 이 구상체는 화성에 물이 풍부하였던 36억 년 전에 형성된 것으로 믿어진다. 구상체가 형성된 온도는 생명체가 살기에 적합한 비교적 낮은 온도인 0℃에서 80℃ 사이였던 것으로 알려졌다.

1996년 NASA의 과학자들은 전자현미경(TEM)과 질량분광기를 이용해서 이 운석에서 원시생명체의 증거가 될 수 있는 유기화학 물질인 다핵방향족 탄화수소 PAHs를 발견하였다. PAHs는 수소와 탄소로 이루어져 있는데 이것은 생물의 부산물로서 미생물이 죽으면 남기는 물질이다. 이 분자는 지구 생명체의 근간을 이루고 있는 탄소화합 분자물의 일종으로 두 가지 방법에 의해서만 형성될 수 있다. 즉 미생물과 같은 생물학적인 활동에 의해서 또는 행성의 형성 과정에 의해서이다.

이번에 발견된 PAHs가 운석이 형성된 뒤에 생긴 암석의 깨진 틈새에 들어 있는 점으로 미루어 화성이 형성된 후 생물학적인 활동으로 생겼음을 암시하고 있다. 이는 화성에 한때 원시생명체가 존재하였다는 것을 나타내는 강력한 증거가 된다. 또한 구상체의 둘레에서는 자철석의 결정인 유기 탄소화합물이 발견되었는데 이것은 박테리아와 미생물이 부패해서 생기는 것이다.

36~40억 년 전에 화성은 뜨겁고 습기가 많았을 것으로 추정되고, 이에 따라 운석 틈새로 지하수 등이 스며들어 생명체 태동의 토대를 마련하였을 것이다. 더욱이 당시 물은 화성의 대기 속에 있던 탄소화합물을 잔뜩 흡수한 상태였기 때문에 탄소화합물이 운석 속에 스며들기에 좋은 조건을 제공하고 있었다는 분석이다.

화석의 형태로 발견된 생명체들은 달걀이나 파이프 모양을 가지고 있고, 가장 큰 것은 사람의 머리카락 굵기의 100분의 1 정도로, 지구 상에서 발견되는 몇몇 종류의 박테리아와 크기와 모양이 놀라울 정도로 유사한 것으로 알려졌다. 더욱이 이 생명체들은 수십억 년 전에 화성에 생명체가 존재하였다면 현재도 존재할 가능성이 있다는 가설에 신빙성을 더해 주고 있다. 과거 화산 활동이 활발하였을 때 형성되었던 미세한 생명체들이 화성이 냉각되면서 온기와 습기를 찾아 지하 깊숙한 곳으로 이동, 현재도 생존해 있을 가능성이 있다. 만약 화성 생명체가 지금도 살아남았다면 그들은 땅속 깊은 곳으로 숨어버렸을 것이다.

이 운석이 화성 생명체를 지구로 옮겼을 가능성도 제기되고 있다. 지금도 매년 500톤 정도의 화성 물질이 지구로 날아오는 것을 볼 때 과거 화성의 생명체가 운석을 타고 지구로 전파되었을 수도 있다. 최근에는 화성 운석에서 박테리아의 활동 흔적인 이례적인 자기 결정체가 발견되어 더욱 관심을 끌고 있다.

그러나 이 발견에 대해서 일부 과학자들은 증거의 신빙성을 들어 의문을 나타내고 있다. 첫째, 문제의 운석이 지구 내에서 생성된 것일 수도 있고, 둘째, 화성에서 이와 같은 돌 조각이 떨어져 나온다는 것은 거의 불가능하며, 셋째, 어떤 생명체의 흔적도 발견되지 않는 같은 종류의 운석도 있고, 넷째, 운석에서 발견된 유기체가 화성이 아닌 지구의 것이라는 이유를 들고 있다.

운석 ALH84001뿐만 아니라 여러 다른 화성 운석에서도 생명체의 화석으로 생각되는 무늬가 발견되고 있다. 1911년 6월 이집트 알렉산드리아에 떨어진 나틀라(Nakhla) 운석에서 1998년에 NASA의 과학자들이 일찍 화석화된 나노박테리아와 일치하는 크기와 모양을 가진 물체와 전 지상(preterrestrial)의 수분 함유 변화 단계(aqueous alteration phase)를 발견하였다. 그러나 나노박테리아 자체의 존재는 아직도 논쟁거리이다. 2006년에는 생물에 기반을 둔 형태의 탄소를 발견하기도 하였다.

1865년 8월 인도의 셔고티(Shergotty)에 떨어진 4킬로그램의 '셔고티 운석'은 비교적 젊은 운석으로 화성에서 1억 6,500만 년 전에 화산 작용에 의해서 형성되었다. 이 운석은 주로 휘석으로 이루어졌고, 수백 년 동안 전 지상의 수분 함유 변화가 일어난 것으로 생각된다. 이 운석에는 미생물의 잔여물을 암시하는 모양이 내부에 나타나 있다.

셔고티 운석

2012년 모로코의 사막에 떨어진 '노스웨스트 아프리카(NWA) 7034'로 명명된 운석은 지금까지 알려지지 않은 새로운 종류의 화성 운석으로, 화성의 과거를 밝혀줄 것으로 기대를 모으고 있다. 야구공만한 이 운석은 무게 320그램에 짙은 색을 띠고 있으며 화학 분석 결과 지금까지 지구에 떨어진 어떤 운석과도 성분이 같지 않은 것으로 밝혀졌다. 21억 년 된 이 운석은 수분 함량이 6,000 ppm으로 지금까지 발견된 다른 화성 운석에 비해 10배나 높아 깊은 층에서 나온 기존의 다른 운석들과는 달리 화성의 표면 가까이에 있었을 가능성을 시사하고 있다.

지금까지 전 세계에서 발견된 110개의 화성 운석들은 발견지인 인도, 이집트, 프랑스의 지명 셔고티(Shergotty), 나클라(Nakhla), 샤시니(Chassigny)의 이름을 따서 SNC 운석으로 분류된다. 그러나 새로 발견된 운석은 현무암질 각력암으로 화산 폭발 때 다양한 파편들이 섞인 채로 굳어진 것이다. 달 운석 중에는 이런 것이 많지만 SNC 운석 중에는 이런 것이 없다. SNC 운석들은 화성의 특정 지역에 큰 소행성이 충돌하였을 때 떨어져 나온 깊은 층의 파편들일 가능성이 높지만, NWA 7034 운석은 화성 표면의 성질을 간직한 것으로 보인다. 스피릿과 오퍼튜니티 로버가 화성 표면에서 조사한 화산암석과 아주 비슷하다. 과학자들은 이 운석이 약 21억 년 전 화성 표면에서 일어난 화산 분출 때 흘러나온 용암이 식어서 굳은 것으로 보고 있다. 운석에 남아 있는 물의 화학적 흔적으로 미루어 용암이 식는 데는 화성 표면의 물이 도움이 되었을 것으로 추측된다는 것이다. 이 운석의 나이 또한 관심사가 되고 있다. 대부분의 SNC 운석들은 약 13억 년 전의 것이고 가장 오래된 것의 연대가 약 45억 년 전인데 그 중간쯤 되는 'NWA 7034'는 화성의 변화 과정을 보여 줄 수 있을 것으로 기대된다. 일부 미생물은 믿어지지 않을 만큼 강한 내구성을 가지고 있어서 소행성 충돌로 화성에서 튕겨져 나와 행성 간 공간을 여행하면서도 살아남을 수 있었을 것이다. 궤도 역학에서 화성의 암석이 지구로 오는 것이 그 반대보다 훨씬 쉬운 일임이 밝혀졌다.

그러나 모든 화성 운석들은 고체화된 용암인 화성암들이다. 이 암석들에서 생명체의 흔적을 찾는 것은 적절하지 않다는 주장도 있다. 그보다는 물에 의해서 쌓은 진흙, 사암 또는 다른 고체 물질의 침전 암석에서 찾아야 한다는 것이다. 그러나 이런 암석들은 무르고 부드러워서 폭발적인 방출이나 지구 대기와의 마찰을 견디고 지구에 떨어질 수 없다. 또한 이러한 암석이 있다고 하여도 화성 표면 어느 곳에서 나왔느냐가 중요하다. 화성 표면의 장소를 알아야 나이와 지나온 역사를 알 수 있기 때문이다.

Exploration of Mars and Search for Martian Life

8. 미래의 화성 탐사와 개발 계획

그동안 화성 탐사는 무인 로봇에 의해서만 이루어져 왔다. 그러나 앞으로는 사람이 화성에 직접 가서 탐사하는 유인 탐사와 화성의 물질을 지구로 가져와서 분석하는 '화성 물질 회수'도 이루어질 전망이다. 화성을 인간이 살기에 적합한 환경을 갖도록 변화시켜 인간의 영구적인 주거지로 만드는 화성 개발도 실현될 것이다. 미국, 유럽, 러시아 등의 국가와 몇몇 사설 단체 등이 이미 이러한 계획을 세워놓고 있다. 그러나 이 계획을 실현시키기 위해서는 여러 가지 극복해야 할 문제들이 남아 있다. 화성의 유인 탐사는 과거의 달 유인 탐사와는 비교가 되지 않을 정도로 아직 해결되지 않은 여러 가지 기술적인 문제와 위험성을 내포하고 있다. 이 계획에 들어가는 비용도 만만치 않아 필요한 재정 지원을 받을 수 있을지도 불투명하다. 그러나 인간의 화성 직접 탐사는 반드시 이루어질 것이고 화성은 인간의 제2의 보금자리가 될 것이 확실하다. 최근 미국은 오바마 대통령이 직접 나서서 2030년까지 인간을 화성에 보내겠다는 선언을 할 정도로 화성 탐사에 적극적이어서 그 실현 여부가 주목되고 있다. 이 장에서는 앞으로 이루어질 화성의 무인 탐사, 인간에 의한 직접 탐사, 유인 탐사에 얽힌 문제점과 미래의 화성 개발 계획에 관하여 알아본다.

미래의 무인 탐사 계획

그동안의 방식대로 화성 주위를 도는 궤도선과 표면을 옮겨 다니면서 탐사하는 로버에 의한 무인 탐사는 앞으로도 당분간 계속될 예정이다.

NASA는 2008년에 작고 저비용의 우주선들을 화성에 보내는 계획인 '화성탐사프로그램'의 두 번째 임무로 화성 대기와 변화무쌍한 진화를 측정하는 메이븐 계획을 발표하였다. 이 우주선을 화성에 보내는 데 드는 전체 비용은 4억 7,500만 달러 이하로 잡고 있다. NASA는 903킬로그램의 우주선을 2013년 11월 18일에 발사하였다. 메이븐은 2014년 9월에 화성 궤도에 진입할 예정이다. 메이븐 화성 궤도선은 현재의 화성 대기 상실률을 연구하여 대기의 진화 과정을 밝히게 된다. 특히 태양풍의 역할을 중점 점검할 예정이다. 태양풍의 빠르게 움직이는 이온과 자기장이 현재와 같은 화성의 대기 환경을 갖게 된 데 가장 책임이 크다고 생각되고 있기 때문이다.

메이븐 우주선

메이븐은 현재의 상층 대기, 전리층, 태양풍과의 상호작용 등을 조사하고, 중성 가스와 이온이 우주 공간으로 이탈되는 비율, 그리고 대기 중 안정적인 동위원소의 비율 등을 결정한다.

이 탐사로 화성 표면에 액체 상태의 물이 존재할 수 있게 한 짙은 표면의 대기를 왜 상실하게 되었는가를 밝히게 될 것이다. 대기의 역사를 파악하여 생명체 거주 가능성을 탐사하는 것이다.

메이븐에는 이러한 관측을 위하여 화성 상공 150킬로미터까지 접근하는 타원 궤도를 돌면서 태양풍과 전리층의 전자를 측정하는 태양풍 전자분석기(SWEA)와 태양풍과 자기권 외피층(magnetosheath)의 이온 밀도와 속도를 측정하는 태양풍 이온분석기(SWIA), 열이온측정기(STATIC), 원격탐사를 위한 영상자외선분광기(IUVS), 그리고 중성가스와 이온질량분광기(NGIMS) 등 태양이 화성 대기에 주는 영향을 측정할 수 있는 10여 가지의 기기가 실릴 예정이다.

유럽의 ESA는 러시아연방우주국(RFKA)의 협조를 얻어 화성에 우주선을 보내 생명체를 탐사하는 엑소마스(ExoMars) 계획을 추진하고 있다. 이 계획에서는 러시아 프로톤 로켓의 두 번 발사를 통해서 화성에 4대의 우주선을 보낼 예정이다. 2016년에는 궤도선과 정지 착륙선을 실은 가스추적궤도선(TGO)을 발사해서 화성의 대기를 조사하고, 메테인의 발생지를 알아내며 로버의 착륙점을 탐사한다. 2018년에는 1대의 로버를 보내 이동 탐사를 할 것이다.

이 로버는 화성에서 과거에 존재하였거나 현재 존재하고 있는 생명체의 증거를 찾고, 표면 아래 물과 지구화학적 분포 조사, 그리고 표본 물질 회수와 미래 인간의 직접 탐사를 위한 조사 등의 임무를 수행한다. 로버는 풍속, 풍향, 습도, 압력, 표면 온도, 대기 투과도, 대기 전화(電化) 등을 측정할 예정이다. 2009년 메테인이 발견된 곳에 착륙을 목표로 하고 있는 이 로버는 굴착 장비를 갖추고 표면 아래 2미터의 깊이까지 파서 표본을 수집한다. 그렇게 하여 표본 회수 계획과 인간의 직접 탐사를 위한 사전 환경 조사도 한다. 굴착기는 암석도 뚫고 내려가서 암석 밑에 있는 모래나 진흙도 채집할 수 있고, 관심 대상의 표본 물질을 파괴할 수도 있는 굴착 때 생기는 마찰열을 최소화하도록 디자인된다. 로버는 6개월 동안 수 킬로미터를 움직이면서 샘플을 분석하고 바이킹이 한 것과 같이 더 발달된 가스크로마토그래프/질량분광기로 생명체 탐사 작업도 벌인다.

NASA는 2018년 화성 생명체 탐사선 AFL을 화성에 보내 로버가 표면에서 생명체를 탐사하고 미래의 인간 탐사를 위한 거주지 탐색 작업을 수행할 계획이다. 또한 NASA는 다른 우주선들이 도달하기 어려운 화성 부분에 글라이더와 같이 날 수 있는 화성 비행기의 계획을 제안해 놓고 있다. 이 비행기는 화성의 역사를 밝히기 위해서 3시간 동안 5킬로미터 깊이의 마리네리스 협곡을 1,700킬로미터 비행하도록 동력 장치가 없는 글라이더로 설계되었다.

인도 우주개발기구 ISRO는 망갈리안(Mangalyaan)이라는 이름의 화성 궤도선을 2013년 11월 5일에 화성으로 발사하였다. 망갈리안은 앞으로 300일 동안을 날아 2014년 9월 24일 즈음 화성 궤도에 진입하게 된다. 이 궤도선의 주 임무는 행성 간 우주선 건설과 디자인, 운영과 통신에 관한 기술을 개발하는 것이다. 이 우주선은 동시에 화성 표면의 관측, 광물 조사, 대기 성분 분석 등의 임무를 수행할 예정이다. 무게 500킬로그램인 이 우주선에는 카메라를 비롯한 다섯 가지 탐사 장비가 실려 있다.

2011년 러시아 우주선에 잉훠 탐사선을 실어서 화성에 보내는 계획에 실패한 중국도 2015년 이후 화성 탐사선 재발사를 목표로 관련 준비를 하고 있다. 화성 탐사선 재발사 시기는 2015~2020년 사이가 될 예정이다. 현재 준비 중인 중국의 화성 탐사선은 화성에 직접 착륙하는 대신 주변 궤도를 돌면서 화성의 대기 및 우주환경 등을 탐사하는 방식이 될 것이다. 중국은 2030년까지 원격탐사-착륙-탐사의 3단계 화성 프로젝트를 추진 중이다.

토양 표본 회수 계획

화성에서 암석과 먼지 표본을 수집하여 지구로 가져오는 화성표본회수(MSR) 계획은 바이킹 탐사선이 화성 탐사를 성공적으로 끝낸 1976년부터 NASA에서 연구되기 시작하였다. NASA는 2004년에 최초로 화성 물질 표본을 지구로 가져오는 우주선을 발사할 계획을 세웠으나 몇 년 전 화성기후탐사궤도선 MCO와 화성북극착륙선 MPL의 잇단 실패와 예산의 우선순위에서 밀려서 취소되었다. 2012년에 NASA는 2018년부터 시작될 화성 표본 회수 방침에 대해 여러 가지 검토를 시작한다고 발표하였다. 검토 방침으로는 태양에너지를 사용하는 한 대의 우주선을 보내는 방법, 4년 간격으로 궤도선과 착륙선 두 대의 우주선을 보내는 방법, 그리고 화성에 착륙하여 500 화성일 동안 표본 수집활동을 펼치는 로버를 먼저 보내고, 그 4년 후에 궤도선과 표본을 지구로 가져오는 수송선 MAV

표본 물질을 싣고 화성을 떠나는 우주선(상상도)

를 실은 착륙선 등 3대의 우주선을 보내어 표본을 지구로 가져오는 것이다. 착륙선이 이전의 탐사에서 수분을 함유한 것으로 알려진 지역에서 약 500그램의 고운 토양, 암석 조각, 그리고 대기 가스를 가져오는 것을 생각하고 있다. 그렇게 하여 생명체가 탐사될 확률을 높일 수 있다.

NASA와 ESA는 2009년 화성의 탐사와 화성 물질 표본을 지구로 가져오는 화성탐사합동계획(MEJI)를 조인하였다. 이 계획은 2016년에 화성 궤도선을 보내는 것으로 시작해서 2020년대에는 화성 물질 표본을 지구로 가져오는 것을 궁극적인 목적으로 하고 있다. 2016년 유럽의 가스추적궤도선이 화성 대기 중 메테인을 포함한 소량 가스를 측정하고 표면에는 정지 기상관측소를 세워서 기상 상태를 관측한다. 2018년에는 화성과학실험(MSL) 계획으로 큐리오시티 로버를 화성 표면에 착륙시킬 때 사용된 미국의 탐사선 대기 진입, 강하, 그리고 착륙 기술을 활용한 유럽의 로버가 착륙하고, 2020년에는 지질물리학과 환경을 조사하는 작은 로버의 네트워크를 형성할 예정이다. 또한 같은 해에 화성의 암석과 토양을 지구로 가져올 계획이다.

러시아연방우주국(RFSA)도 2020년대에 화성 표본을 지구로 가져오는 마스-그룬트(Mars-Grunt) 계획을 세워놓고 있다. 궤도선과 착륙선, 표본회귀선을 하나로 묶어서 화성으로 발사하여 표본을 가져온다는 것이다. 착륙선의 로봇 팔이 표본을 수집한 후 착륙선 꼭대기에 달린 작은 로켓이 발사되어 표본을 궤도선으로 올려 보내 궤도선이 지구로 귀환하는 계획이다.

중국도 2030년까지 화성 물질 표본을 지구로 가져오는 계획을 수립해 놓고 있고, 프랑스도 그러한 계획을 검토하고 있다.

유인 탐사 계획과 탐사 시나리오

인간의 화성 직접 탐사는 1950년대부터 제안되었다. 최초로 화성 미션의 상세한 기술적인 연구를 한 사람은 로켓 전문가인 폰 브라운이다. 그의 연구 결과는 1952년 『화성계획(Das Marsproject)』이라는 책으로 발간되었다. 그의 계획은 8개월 동안 지구에서 3단 로켓을 950번 발사하여 물자를 지구 궤도에 있는 우주정거장으로 운반하고 그곳에서 화성으로 가는 우주선을 조립하는 것이다. 이 미션에서는 70명의 사람이 각각의 무게가 3,720톤인 10대의 우주선에 나누어 타고 화성으로 가서 3대의 날개가 달린 표면 탐사선이 비행기 같이 화성 표면에 착륙한다. 당시에는 화성 대기가 현재 알려진 것보다 훨씬 짙다고 믿어서 이와 같은 착륙이 가능하다고 생각하였다.

1962년에는 미국의 몇몇 민간 회사들이 NASA의 마샬우주비행센터(MSC)의 '엠파이어계획(Project EMPIRE)'의 일부로 화성 유인비행을 연구하였는데, 이 계획에서는 화성 탐사선을 지구 저궤도에서 조립하는 것을 연구하였다. 그러나 실현되지는 못하고 연구로만 끝났는데, 이것은 최초의 상세한 계획으로 후에 다른 연구의 기초가 되었다.

소련에서는 티콘라보프(Mikhail Tikhonravov)가 1956년에 인간의 화성 탐사 계획을 제안하였다. 1960년대에도 화성과 금성에 사람을 보내는 계획을 세웠으나 모두 실현되지 않았다. 2000년에는 러시아의 카라쉬(Yuri Karash)가 원자로를 사용하여 화성에 인간을 보내는 '화성유인궤도정거장(MARPOST) 계획'을 제안하였다. 이 계획에서는 2012년까지 우주선의 디자인 작업을 마치고 2021년에는 우주선을 화성에 보내는 것이다.

ESA는 2001년 장기 인간우주비행 계획인 '오로라(Aurora) 프로그램'을 발표하였다. 오로라의 주요 목적은 로봇 비행기와 인간 비행으로 달, 화성, 소행성 등의 태양계 천체를 인간이 직접 탐사하는 것이고, 두 번째 목적은 이 천체들에서 생명체를 탐사하는 것이다. 이 계획에 따르면 2014년부터 지구 궤도에서 장거리 탐사 우주선의 조립과 도킹, 그리고 장기 우주여행에 대비한 생명 유지 기술을 개발하여 2024년부터 달에 화성 탐험을 위한 중간 출발 기지를 세우고, 2030/2033년 인간이 화성을 탐험한다는 것이다. 달은 중력이 작기 때문에 화성으로의 장거리 여행의 출발지를 달로 하는 것이 쉽고 빠르고 경제적이다.

2002년에는 ESA와 러시아가 공동으로 두 대의 우주선을 화성에 보내는 계획을 세웠다. 이 미션에서는 6명의 우주인이 약 440일이 걸려서 화성에 가고 그중 3명은 두 달간 화성 표면을 탐사한다. 전체 비용은 200억 달러이고 그중 30%를 러시아가 부담하기로 하였다.

NASA는 인간을 달과 화성에 보내는 콘스텔레이션(Constellation) 계획의 일환으로 2030년대에 인간을 화성에 보내는 오리온 화성임무(OMM) 계획을 세웠다. 이 계획은 지구 궤도에 우주인을 실어 나르는 오리온 우주선과 2020년까지 건설될 달 전초기지를 활용하는 것이다. 그러나 이 계획은 예산상의 문제로 2010년에 취소되었다.

그러나 미국의 오바마 대통령은 2030년대에 인간을 화성으로 보내겠다는 발표를 하였고, NASA는 이를 체계적으로 추진하기 위한 계획 수립을 위해서 2012년 '화성프로그램계획그룹(MPPG)'을 구성하고 향후의 화성 탐사 계획을 재검토

하고 있다. 이를 위해서는 새로운 기술이 필요한데, 현재는 화성에 가기 위해서 화학연료를 사용하는 로켓을 이용해야 한다. 그런데 이를 위해서는 엄청난 예산이 있어야 한다. 현재 미국의 계획은 우주정거장과 달 기지를 화성 진출의 발판으로 삼고 있다. 1998년부터 건설되기 시작한 우주정거장 ISS는 이제 거의 완성 단계에 와 있다.

NASA의 엔지니어인 주브린(Robert Zubrin)과 베이커(David Baker)는 1990년에 쓴 연구논문을 통해 '마스다이렉트(Mars Direct)'라는 이름으로 인간을 화성으로 보내는 제안을 하였다. 이것은 후에 1996년 주브린에 의해서 『화성의 경우(The Case for Mars)』라는 책으로 확대 간행되었다. 이 책은 자동화된 기기의 사용과 현지에서 지구로 귀환하는 연료를 만들어 비용을 줄이는 데 초점을 맞추고 화성 기지의 가능한 디자인과 물질의 자체 충족을 전망하고 있다. 또한 화성을 인간이 살아갈 수 있는 환경으로 만드는 일을 다루고 있다.

마스다이렉트의 내용은 대략 다음과 같다. 아레스(Ares) 로켓에 실려 발사되는 최초의 우주선은 지구로 귀환할 수 있는 지구귀환우주선(ERV)으로서 이 우주선은 8톤의 수소, 화학공장, 작은 원자로를 싣고 6개월의 여행 끝에 화성 표면에 착륙한다. 그곳에서 지구에서 가져간 수소와 화성 대기 중의 이산화탄소를 결합시켜 112톤의 메테인과 산소를 만든다. 이러한 화학공정은 이미 19세기와 20세기에 활용된 정규 과정이다. 이렇게 만들어진 메테인과 산소 중 96톤은 ERV가 지구로 귀환하는 데 사용하고 나머지는 로버의 연료로 사용한다. 연료를 생산하는데 드는 기간은 약 10개월이다. 이 방법으로 ERV가 지구로 귀환하는 데 필요한 연료의 7%만 화성으로 가져가도 된다.

마스다이렉트 계획의 화성 기지(상상도)

ERV가 발사된지 6개월 후 두 번째 우주선인 화성거주단위(MHU)가 발사되어 6개월의 항행 끝에 화성에 도착한다. 이 우주선에는 4명의 우주인이 탑승한다. MHU는 비행하는 동안 자체 축을 회전하게 하여 지구 상에서와 같은 1G의 중력을 만들어 승무원들이 쾌적한 여행을 할 수 있게 한다. MHU는 대기로 감속시키는 에어로브레이킹(aerobraking)을 이용하여 ERV가 유도하는 대로 연착륙한다. 우주인들은 그곳에 18개월 동안 머물면서 그들이 가져간 로버를 이용해서 각종 과학 실험을 수행한다. 그들은 임무를 마치면 MHU를 다음 팀이 사용하도록 남겨두고 ERV로 지구로 귀환한다. 그 후 2년 간격으로 우주인이 보내진다. MHU는 2층 또는 3층으로 이루어진 구조물로, 1층은 작업실, 2층과 3층은 거주 공간으로 꾸며진다.

이 제안에 대한 비판이 일자 주브린은 '마스다이렉트' 계획의 일부를 수정하여 현재의 기술로도 가능하고 효율적인 비용으로 디자인한 비행 계획인 '마스세미다이렉트(Mars Semi-Direct)'를 제안하였다. 이 계획에서는 ERV가 화성에 착륙하지 않고 궤도에 남아 있고, 대신 화성이륙상승선(MAV)이 우주인과 함께 화성에 착륙하였다가 이륙한 후 우주인들은 ERV로 지구로 귀환하는 것이다. 이 계획의 비용은 총 550억 달러로 추산되고 있다.

최초로 민간 우주비행을 한 티토(Dennis Tito)는 최근 인간의 화성 탐사를 위한 재단인 화성인스피레이션재단(IMF)을 설립하였다. IMF 재단은 2018년 1월에 유인 우주선이 화성을 근접 비행한 후 지구로 돌아오게 하는 계획을 수립하였다. IMF 재단은 우주 탐사가 과학, 기술, 공학, 수학 교육을 활성화시켜서 인류 문화의 성장과 번영의 촉매제가 될 수 있다는 것을 목표로 하고 있다. 남자와 여

화성거주단위(상상도)

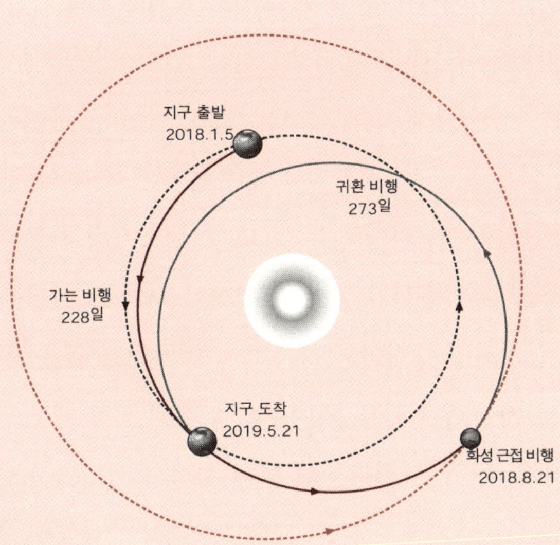

화성 유인 근접 비행 경로–501일 화성 비행 임무(2018년 1월~2019년 5월)

자 각 1명인 2명의 우주인을 태운 우주선은 2018년 1월 5일에 발사되어 화성에 160킬로미터의 거리까지 접근한 후 지구로 돌아오게 된다. 여행 기간은 501일이다.

우주선이 이 날짜에 발사되어야 하는 이유는 이때 지구에서 발사된 우주선이 가장 짧은 기간에 화성을 다녀올 수 있는 위치에 오기 때문이다. 이러한 위치는 매 15년마다 반복되므로 그 다음 번은 2031년이 되어야 한다. 이 계획에는 총 1~20억 달러가 소요될 예정인데 티토가 상당액을 부담하고 나머지는 산업계와 개인의 모금으로 충당할 예정인 것으로 알려졌다.

영국 옥스퍼드대학 물리학과의 테일러(F. W. Taylor) 교수도 자신이 생각하는 인간 화성 탐사 시나리오를 발표하였다. 이 시나리오에 따르면 2038년 미국에서 3

명, 유럽에서 3명 등 총 6명의 승무원이 탑승한 탐사팀이 화성으로 떠난다. 이들은 3년이 걸리는 화성 여행을 하는데, 이들은 이 기간 중 화성 궤도에서 2개월, 표면에서 40일을 머문다. 화성 궤도의 고도는 334킬로미터이다. 치열한 경쟁을 뚫고 선정된 승무원은 화성으로 가기 전에 달에서 훈련 받은 43세의 군 테스트 조종사인 선장, 조종사, 내비게이터/비행 전문가, 의사, 퇴적학을 전공한 지질학자, 그리고 박사학위를 가진 전기 공학자 등이다. 이들은 이미 달 여행에 필요한 임무, 함께 일하는 방법, 심리적인 문제의 해결까지 여러 가지 훈련을 거쳤다.

이들을 태우고 화성으로 가는 우주선은 2019년에 완성된 지구 궤도의 국제우주정거장 ISS에서 조립된다. 이 우주선에는 핵 발전 시설이 설치되어 있다. ISS 근처에서 완성된 선체는 달 주위 저궤도에 진입한다. 달에서 오랫동안 훈련받고 있던 승무원들이 달 표면에서 화성 탐사선 사이를 드나들면서 장기 화성 여행에 대한 준비 작업을 한다.

완성된 메이플라워(Mayflower) 3호는 길이가 100미터이고 무게가 150톤 이상이다. 이 탐사선 이전에 메이플라워 1호는 2029년 화성에 가서 착륙하였다가 화성을 떠나 지구로 귀환하는 과정에서 로켓 모터가 작동하지 않아 실패로 끝났다. 이 고장 난 우주선은 태양 주위 궤도를 돌고 있으며, 2047년 메이플라워 2호가 회수할 예정이다.

화성을 다녀오는 여행을 위한 핵 추진 시스템은 미국에서 개발되어 2023년에 처음으로 우주 공간에서 실험되었다. 우주선 안의 생명 유지 장치에서 공기, 물, 그리고 쓰레기는 모두 재활용된다. 승무원들은 항행 도중 신체 단련을 위한 운동을 한다. 정신적인 건강을 위해서 여러 가지 게임을 하고 독서, 영화, 음악, 그리고 개인적으로 전자 기기를 사용한다. 시속 1만 6,000킬로미터로 화성에 접근한 우주선은 감속하여 고도 24킬로미터에서 화성 대기를 통과할 수 있도록 궤도를 수정한다. 공중 포획(aerocapture) 방식이 사용되고 이를 위해서는 강력한 열 차폐 장치가 필요한데, 화성 표면과 대기의 상태에 따라 컴퓨터가 이를 자동 조절한다. 대기로 속도를 줄이는 에어로브레이킹 방법이 사용되며, 저추진 재래 로켓 모터의 작은 연소(small burns)로 궤도의 높이를 조절한다.

이전의 탐사에 의해서 암석이 없고 경사가 완만하며 크레이터가 아주 적은 메리디아니 평원이 안전한 착륙과 과거 생명체에 대한 증거를 탐사하기에 가장 적합한 장소로 선정되었다. 이 지역은 과거 얕은 바다로 10억 년 전에 지하수로 침수되어 왔다. 회수된 표본은 28억 년 전 많은 양의 소금물로 생긴 퇴적암인 것이 확인되었다. 물은 적어도 수만 년 동안 있었던 것을 암시한다. 물총새(kingfisher)라고 이름 붙여진 착륙선으로 4명의 승무원들이 착륙 모듈로 표면에 착륙한다. 10톤의 착륙선은 파라슈트를 펴서 착륙한다. 이들은 이미 설치해 놓은 거주 공간인 해비타트(habitat)에 입주한다.

지구로 중계 방송되는 가운데 승무원들 중 지질학자가 착륙 모듈을 나와 표면에 발을 디디면서 "꿈은 살아 있다. 우리는 모든 인류를 위해서 평화롭게 왔다."라고 말한다. 그는 바로 앞에 펼쳐진 언덕의 모습과 암석, 그리고 하늘과 기상에 관하여 설명한다. 그를 따라 의사가 내리고 그들은 함께 근처의 기압이 조정된 공간인 해비타트로 들어간다. 착륙 24시간 후에는 모든 승무원들이 해비타트에 입주한다.

이들 이전에 10여 년 동안 50여 톤의 물자가 화성으로 운반되었다. 유럽이 만든 해비타트는 지지대 위에 높이 4미터, 길이 12미터의 원통형으로 입구는 짧고 넓은 사다리로 되었다. 이곳에서 500미터 되는 곳에는 이전 10년 동안 로봇이 건설한 반 지하에 50킬로와트의 전기를 생산하는 원자로가 있다. 산소, 물, 쓰레기의 저수지와 재처리 공장이 파이프와 케이블망으로 연결되어 있다.

우주인들이 연구할 목록으로는 현지의 자원으로부터 이들이 사용할 연료와 산소, 물을 만들어 내는 것이다. 해비타트의 테스트와 개선이 이들의 두 번째 목적이다. 그 다음은 과학적인 임무로 지구로 가져올 표본의 수집이다. 그리고 이어 다음 번 탐사자들의 500일 체류를 위한 준비 작업을 한다. 그들은 여러 곳에서 표본을 수집하기 위해서 주변의 다른 지형들을 탐사하면서 각종 샘플을 수집한다.

지구를 향해서 화성을 출발하는 과정은 달 표면에서 3번에 걸쳐서 성공적인 연습을 마쳤다. 또한 그 이전에 화성 물질을 회수할 때에도 같은 방법이 사용되었다. 화학적인 핵 추진을 이용해서 서서히 화성 주위를 선회하고, 지구 궤도에 이르러서는 ISS와 랑데부한다. 지구로 돌아온 승무원들은 격리되어 오염 여부에 대한 조사를 받는다. 이렇게 하여 테일러의 인간 화성 탐사 시나리오는 끝이 난다.

이상의 계획들 외에도 독일화성학회(MSG), 중국국가우주국(CNSA), 네덜란드의 비영리재단인 마스원(Mars One), 인간의 화성 탐사를 비롯한 국제적인 우주 개발을 목적으로 설립된 TMI 등도 화성에 인간을 보낼 계획을 수립해 놓고 있다.

유인 탐사의 문제점

사람이 화성에 다녀오는 장기간의 행성 간 공간을 여행하기 위해서는 여러 가지 위험 요소를 극복해야 한다. 지구에서 화성까지 가는 데는 최소한 6개월이 넘는 비행을 해야 하는데 이때 우주인들은 생각보다 많은 방사선에 노출된다. 우주복사와 태양풍은 DNA를 손상시켜 암 발생 확률을 높이므로, 우주에서 들어오는 복사로부터 보호하는 것이 중요하다. 그러나 장기간의 행성 간 공간이 주는 위험성은 잘 알려지지 않았다. 남자가 화성을 다녀 온 후 암으로 죽을 확률은 1~19%이며 가장 가능성이 높은 값은 3.4%이다. 여자는 더 큰 선(腺)의 조직 때문에 확률이 더 높다.

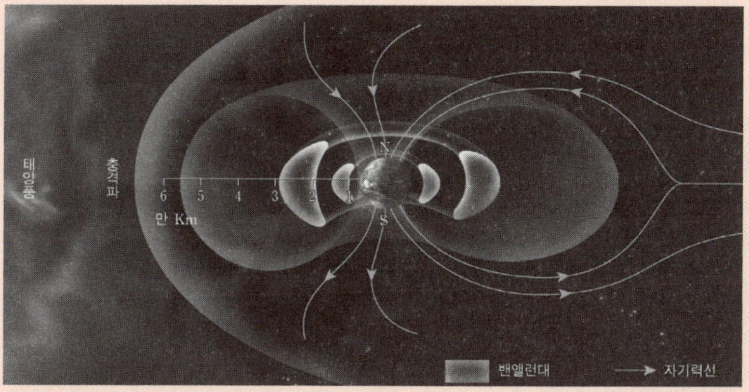

태양과 우주 복사 – 은하계 우주선, 태양의 고 에너지 입자(태양 입자 방출 폭발 또는 코로나 질량 방출)

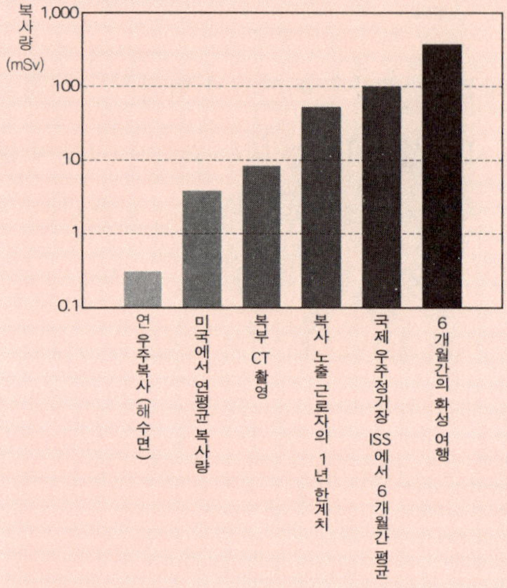

화성 탐사 우주인이 받는 복사량 비교

전기를 띤 우주 입자들이 장기적으로 몸을 관통하면 암이나 심혈관, 근골격계, 그리고 뇌 질환이 발생할 가능성이 크다. 우주 입자에 장기간 노출되면 알츠하이머 치매가 가속화될 수도 있다. 최근 NASA의 과학자들이 큐리오시티가 화성으로 가는 동안 측정한 우주 방사선량을 분석하여 화성으로 여행하는 우주인들은 662 mSv(밀리시버트)에 달하는 우주 방사선에 노출될 수 있다는 연구 결과를 발표하였다. 1Sv(시버트 · 1 Sv는 1000 mSv)가 늘어날 때마다 암에 걸릴 확률은 5% 증가하는 것으로 알려져 있다. 현재 NASA의 가이드라인은 우주인 암 발생률 제한치를 3%로 정하고 있는데, 이를 수치로 환산하면 600 mSv 이상의 방사선량에 노출되어서는 안 된다는 의미이다. 그런데 662 mSv의 방사선 노출량은 NASA의 가이드라인을 훌쩍 넘고 있다.

우주여행을 할 때 노출되는 방사선은 초신성 폭발이나 산발적인 흑점 폭발 활동에 따라 방출되는 태양에너지 입자에서 나온다. 지구에서는 지구 자기장이 이런 방사선을 차단해 주지만, 우주 환경에서는 고스란히 노출된다. 국제우주정거장 ISS 내부에 머무르는 승무원은 연간 약 200 mSv의 방사선에 노출된다. 화성까지 가는 시간을 줄일 수 있는 획기적인 방법이 나오지 않는 이상 노출 방사선량을 줄이기는 어렵다. 우주인들이 활동하는 공간 주변에 금속이나 물, 또는 지구 자기장과 같은 역할을 하는 자기장을 걸리게 하여 방호벽을 만들어 주어야 한다. 만약 열 핵추진 로켓을 사용한다면 원자로에서 발생되는 방사능으로부터도 우주비행사를 보호해야 한다.

화성에 착륙하는 과정에서도 여러 가지 위험 요소가 있다. 우선 안전한 지형을 선택해야 하고 착륙 지점의 기상 변화와 먼지폭풍이 공기 역학적 제동 시스템에 영향을 줄 수도 있다. 화성에서는 국지적으로 높이에 따른 대기 밀도의 변화가 심하고 바람의 강도도 달라진다.

화성에 안착한 후에도 위험은 도사리고 있다. 화성에는 대기가 희박하고 자기장이 없기 때문에 인체에 위험한 우주선 입자와 고에너지 태양풍 입자를 막아 주지 못한다. 로봇 착륙선이 사전에 이러한 위험이 얼마나 심각한지를 측정해야 한다. 화성에 머무는 기간은 짧으면 50일, 길면 600일이 될 것이다. 이렇게 장기간 머물기 위해서는 거주 공간을 건설해야 하는데 그것은 반 지하가 안전할 것이다.

건설 자재로는 방사능을 방출하지 않는 한 현지의 암석이나 토양이 사용될 수 있다. 만약 이 물질이 위험할 정도의 방사능을 방출한다면 건축 자재를 지구에서 가져가야 할 것이다. 먼지폭풍 때 바람에 날리는 고운 먼지도 문제가 될 것이다. 이 먼지는 가져간 기기에 고장을 일으키고 독성을 가졌다면 인체에도 크게 영향을 줄 수 있다. 암을 일으키는 독성 물질인 육가크로뮴(hexavalent chromium)이 포함될 수도 있다. 만약 미생물이 표토 아래에 살고 있다면 그들 중 어떤 박테리아는 인체에 해로울 수도 있다.

한편 물은 엑소마스의 깊은 굴착기로 수십 미터의 깊이까지 굴착하여 조달할 수 있다.

화성 박테리아에 의한 역 오염(back contamination)과 지구 미생물을 화성으로 옮기는 전진 오염(forward contamination)이 일어날 수 있는데, 이를 피하기 위해서는 사전 표본 회수가 반드시 필요하다. 인간의 직접 탐사는 화성을 오염시키고 발견하려고 하는 곳의 토착 미생물을 파괴할 수 있는 위험이 있다. 우주인 한 사람이 100조 개의 미생물을 함께 옮길 수 있다. 따라서 다른 행성들을 지구에서 인간과 함께 수억 년 동안 진화한 미생물군의 오염으로부터 지켜내는 것뿐만 아니라 지구를 미지의 다른 행성의 미생물의 역 오염으로부터 막아내는 것이 중요하다. 2008년에는 우주 연구의 발전과 국제적인 공조를 위해서 우주연구위원회(COSPAR)가 이를 위한 지침을 마련하기도 하였다.

화성 표면에서 움직이기 위해서는 로버가 필요한데, 화성 표면에는 절벽, 계곡, 빠져나오기 힘든 모래밭, 틈새, 언덕, 암석의 갈라진 틈 등이 있다. 이미 스피릿 등의 로버에서 경험하였듯이 이러한 지형을 극복할 수 있는 로버가 필요하다. 장거리 탐사를 위해서는 현재 사용되는 로버보다 더 크고 빠르며 오랫동안 활동할 수 있는 로봇으로 인간이 탑승하고 여행할 수 있어야 한다. 인간의 장거리 여행을 위해서는 비행기도 필요로 한다. 대기가 희박하기 때문에 큰 날개와 추진력이 높은 추진 장치가 필요하다. 이것은 로켓 파워를 단 비행기 형태가 될 것으로 보인다.

연료로 가장 먼저 생각할 수 있는 것은 메테인과 연료전지에 사용되는 산소이다. 산화 지르코늄전지(zirconium cell)가 물을 전기분해해서 수소와 산소를 얻을 수 있다. 수소는 적절한 촉매가 있으면 화성 대기에서 이산화탄소와 작용하여 메테인을 만드는 데 사용된다. 이렇게 만들어진 메테인을 추진 연료로 사용할 수 있을 것이다.

통신은 태양이 화성과 지구 사이에 있을 때인 외합(superior conjunction)에서 단절되며, 이때 통신은 10여 일 동안 중단될 것이다. 이를 극복하기 위해서 금성 궤도에 중계소가 필요하며, 화성 표면에서 기지 간의 통신은 지구 궤도의 통신 위성과 비슷한 중계 위성이 세워질 것이다.

우주인들은 비교적 공간이 큰 해비타트 모듈에서 대부분의 시간을 보낼 것이다. 지구로의 귀환은 시속 약 5만 1,000킬로미터로 지구 대기로 돌진하는 캡슐에 의존하게 될 것이다. 그러나 수년 내에 이 모든 도전을 극복하는 일이 쉽지는 않을 것이라는 전망이다.

그동안 인간은 달에 다녀오면서 우주로 40만 킬러미터 멀리까지 날아가긴 하였지만 이번 여행에서는 지구에서 6,100만 킬로미터의 거리까지 날아가야 한다. 가장 큰 문제는 먼 우주에서 500일을 견딜 수 있는 환경통제와 생명유지시스템(ECLSS)을 개발하는 것이다. 500일이라는 긴 우주비행의 심리학적 충격도 염려되고 있다. IMF 재단은 산전수전을 겪은 결혼한 부부를 보내어 이 문제를 최소화시키기를 바라고 있다.

러시아, 유럽연합(EU), 중국은 공동으로 2007년과 2011년 사이에 화성으로의 인간 비행에 대비해서 심리적인 고립 실험인 '화성-500 임무(Mars-500 mission)'를 수행하였다. 긴 우주여행 시 일어나는 심리적, 의학적 데이터를 얻는 데 목적을 둔 이 실험은 러시아 모스크바에 있는 러시아과학아카데미(RAS)의 생의학문제연구소(IBMP)에서 이루어졌다. 세 팀의 자원봉사자가 모형 우주선에서 생활하는 실험이었는데, 첫 번째 팀은 5명의 남자와 1명의 여자로 이루어진 6명의 러시아인이 15일 동안 고립되어 지냈다. 두 번째 팀은 4명의 러시아인과 1명의 프랑스인 그리고 1명의 독일인이 참여해서 105일을 우주선 안에서 지냈다. 세 번째 팀은 520일 동안 3명의 러시아인, 2명의 유럽인, 1명의 중국인이 참여하였다. 이들의 직업은 공학자, 의사, 생물학자, 우주인 등이었다. 이 실험은 행성 간 여행을 하면서 생길 수 있는 문제를 알아내고 그 해결책을 모색하자는 것이었다. 모형 시설은 지구와 화성 사이를 오가는 왕복 우주선과 화성 표면을 본떠서 만들어졌다. 이 실험에서는 화성 착륙과 화성 표면 보행도 포함되었다. 무중력과 우주선 복사의 체험은 할 수 없었다. 참가자의 일부는 수면 장애 등의 문제가 있기는 하였지만 신체적, 심리적으로 비교적 건강한 상태를 유지하였던 것으로 알려졌다.

화성 왕복 여행에서 우주선 승무원들의 수면 장애가 큰 문제가 될 수 있다는 연구 결과도 나왔다. 잠이 부족해지자 행동도 게을러졌다. 이러한 수면 부족이 문제가 되는 이유는 우주비행사들이 긴 시간의 비행 중 수시로 우주선 버튼을 조작하는 등 복잡한 업무를 처리하기 위해 명료한 정신이 필요하기 때문이다. 또 참가자들의 운동 부족도 문제로 지적되었다. 참가자들은 충분히 소화할 수 있는 가벼운 움직임조차 하지 않았다. 그러나 우주비행사들은 무중력 상태에서 뼈와 장기의 건강을 유지하기 위해 꾸준한 운동을 해 주어야 하는 것으로 알려져 있다. 우주비행사들은 사람이 없는 으슥한 곳으로 기어들어가 움직이지를 않았다. 만성 불면증에 시달려 수면 주기가 25시간으로 바뀌기도 하였다. 자연스러운 밤낮의 생체 리듬을 완전히 잃어버리는 것이다.

비영리 국제단체인 화성학회(Mars Society)도 작은 공간에 갇혀서 지내야 하는 화성 탐사자들의 스트레스를 받아야 하는 화성 1년 간의 화성 탐사 모의실험을 할 계획이다. 이 실험에서는 2014년 7월 여섯 명의 승무원들이 고위도 캐나다 북극 지방에 있는 데본(Devon)섬의 높이 7.6미터, 폭 8.3미터의 원통형의 해비타트인 플래시라인 화성북극연구기지(FMARS)에서 1년을 지낸다. 이 실험은 실제로 화성 탐사 과정을 모의해서 여기에서 나온 실험 결과를 미래의 인간 화성 탐사에 활용할 예정으로 있다.

시력 상실을 포함해서 장기적인 저중력 환경이 신체에 미치는 영향, 지구에서 그리고 공동체에서 멀리 떨어져 고립되어 일어나는 심리적인 효과, 1년 이상을 좁은 공간에서 지내야 하는 사회적인 효과, 의료시설의 미비, 혹시 일어날지 모르는 생명 유지 장치의 고장 등도 고려되어야 한다. 또 무중력 상태에서 장기 여행에 따른 신체적 손상과 심리적 효과도 고려되어야 할 것이다.

유인 탐사를 위한 음식 개발

화성을 탐사할 우주인들의 음식 메뉴의 개발도 활발히 이루어지고 있다. 화성 탐사에는 계획에 따라 차이는 있지만 대체로 6~8명의 우주비행사가 가는 데 6개월, 화성에서 머무는 기간 18개월, 다시 돌아오는 데 6개월이 걸린다. 이 긴 기간 동안 우주비행사들의 건강을 지키고 기분을 좋게 유지시켜 주기 위해서는 다양한 메뉴를 개발해야 한다. 그동안 우주비행사들에게 다양한 음식이 제공되어 왔지만 모두 유통기한이 2년인 냉동건조 식품이었다.

NASA는 약간의 중력이 있다는 점에 착안해 화성의 우주비행사들이 미리 조리된 음식이 아니라 현장에서 직접 만든 요리를 먹도록 하는 방안을 연구하고 있다. 유제품이나 육가공품은 화성에 가져갈 만큼 오래 보관할 수 없어 조리법은 모두 채식으로 마련된다. 채소와 과일은 흙 대신 무기질이 첨가된 물속에서

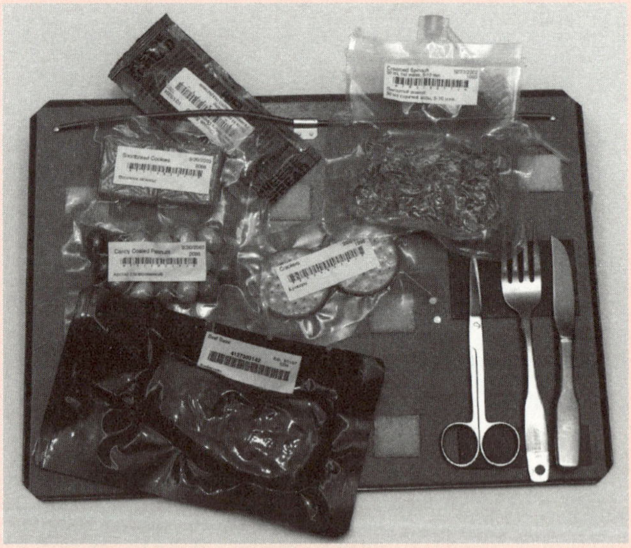

우주인의 음식

길러내어 지구에서 가져간 향신료와 견과류를 첨가해 요리한다. 단백질원으로는 두부와 견과류가 사용된다. 그러나 이러한 조리법 개발에 오랜 시간이 걸릴 것에 대비해서 기존의 우주 음식과 비슷한 포장 메뉴도 대안으로 준비되고 있다. 그러나 현재 개발된 포장 음식의 유통기한이 2년이기 때문에 이를 5년까지 늘려야 하는 과제를 안고 있다.

필요한 음식의 양은 약 4,000킬로그램이다. 이것을 가져가기보다는 우주선에 온실을 만들어 채소를 기르는 것이 한 가지 해결책이다. 무중력 목장의 가능성도 고려되고 있다. 그렇다면 어떤 동물을 가져가는 것이 좋을까? 소와 양과 함께 쥐, 생쥐 등이 고려되고 있다. 발사 때 가장 낮은 무게이면서 가장 많은 칼로리를 제공해 주는 것이 어떤 것인가를 찾아야 한다. 두세 명의 화성 우주인에게 소고기를 제공하기 위해서는 500킬로그램의 고기를 우주로 가져가야 한다. 그러나 생쥐로 대체하면 42킬로그램(1,700마리)이면 같은 양의 칼로리를 얻을 수 있다. 우주인들은 소고기 스테이크를 먹는 대신 생쥐고기 스튜를 먹어야 할 것이다.

지구로 돌아올 때 화성에 놓아두고 오거나 폐기시키는 우주선 구조물을 버리지 않고 조각으로 부셔서 먹는 방법도 고려할 수 있다. 연료 탱크, 로켓 모터, 기기 상자 등을 귀환 때 메뉴로 상상할 수 있다. 창문의 대체 물질로 투명한 설탕 주물을 만들어 디저트로 먹을 수 있다. 분쇄된 종이가 비타민과 광물질이 풍부한 음식의 주 메뉴가 된다.

우주인들은 자신의 더러워진 옷도 먹을 수 있다. 4명이 40일을 비행하는 경우 세탁 시설이 없다면 약 55킬로그램의 옷을 버려야 한다. 3년 간의 화성 여행에서는 650킬로그램의 더러운 옷과 음식물이 발생한다. 미국의 농무부와 몇몇 사설 회사에서는 이미 콩과 우유 단백질, 계란의 흰자위, 닭의 깃털을 천으로 만드는 연구에 착수하였다. 양모와 비단과 같은 케라틴(keratin) 단백질 섬유가 부분적인 가수분해에 의해서 음식으로 전환될 수 있다. 채소 단백질을 가수분해해서 조미료인 MSG(mono-sodium glutamate)를 만들 수도 있다. 4명의 승무원이 3년 동안 1,400킬로그램의 고체 배설물을 만드는데, 이 물질을 탄소로 가수분해해서 파이를 만들 수 있다. 또 다른 방법은 무인 우주선으로 미리 식품을 화성으로 실어 날아서 비축해 두는 것이다.

화성에서의 장기 체류를 위해서는 식물을 재배해야 한다. 화성과 같은 환경에서는 비료, 인공 대기, 아마도 인공 번개, 온도 조절, 물의 공급 등이 필요할 것이다. 사전에 토양의 특성을 고려하여 토양에 맞는 재배 식물의 종류를 골라야 한다. 화성에 생명체가 존재하지 않았다면 토양이 식물이 자라는 데 적합하지 않을 것이므로, 화성이 화학적으로 식물을 기를 수 있는 환경으로 변할 때까지 인간의 배설물은 비료와 함께 화성 정착에 있어 아주 귀중한 물품이 될 것이다.

화성 개발 계획과 화성 식민지

화성은 행성들 중에서 지구와 가장 많이 닮았다. 두 행성은 하루의 길이, 자전축 기울기, 계절, 극지방의 얼음, 희박하지만 대기가 있는 점, 표면 물질 등이 비슷하다. 그러나 화성은 지구와는 다른 점을 더 많이 가졌다. 표면 중력이 지구의

36%에 불과하고, 표면에는 액체의 물이 흐르지 않고, 태양에너지를 적게 받아서 표면 온도가 낮으며, 대기압도 낮아서 사람이 압력복을 입어야 견딜 수 있고, 대기는 주로 이산화탄소로 되어 있고, 산소는 거의 없다. 또한 궤도 이심률이 커서 온도와 받는 태양에너지 양의 변화가 크고, 글로벌한 자기장과 오존층이 없어서 우주에서 들어오는 복사와 태양풍을 막아 주지 못한다.

이렇듯 화성은 지구와는 다른 환경을 가졌기 때문에 인간이 살아가기에 적합하지 않다. 화성의 자연 상태에서는 인간이 화성에 간다고 해도 살아남기 힘들다. 화성 표면에서 인간을 포함해서 광범위한 종류의 생명체가 살아가려면 화성을 지구 환경과 비슷하게 만드는 지구화 변형, 즉 '테라포밍(terraforming)' 과정을 거쳐야 한다. 테라포밍은 화성의 기상, 표면, 그리고 알려진 성질을 큰 지역에 걸쳐서 인위적으로 인간이 살아가기에 쾌적한 환경으로 변화시켜 사람이 영구히 살 수 있는 환경으로 만드는 것이다.

화성은 태양계 내 생명체가 살아갈 수 있는 대역인 HZ의 바깥쪽 끝에 위치하고 있다. 이곳에서는 충분한 대기압에서 온실가스가 표면에서 액체 상태로 물을 유지시켜 주는 영역이다. 그래서 화성은 수권(hydrosphere)과 생물권(biosphere)을 유지할 수 있는 가능성을 가지고 있다.

테라포밍의 첫 번째는 대기를 변형시키는 것이다. 대기를 연속적으로 공급해주고 이를 잡아두어 대기의 밀도를 높여 주어야 한다. 화성은 중력이 낮아서 대기를 잡아두지 못하고 있기 때문이다. 대기를 가열시키는 것도 한 가지 방법이 될 수 있다. 이산화탄소와 같은 온실가스로 이루어진 짙은 대기는 입사하는 태양복사를 가두어 둔다. 화성이 일단 가열을 시작하면 이산화탄소가 열에너지를 표면 근처에서 떠나지 않게 할 것이다. 또한 온도가 올라가면 극에 얼어붙어 있던 이산화탄소가 해빙되어 대기로 방출되면서 온실효과는 더 높아질 것이다. 이 둘은 서로 보완적 역할을 하게 되는데, 움직이는 가스가 만드는 거대한 공기 흐름이 지속적인 거대한 먼지폭풍을 만들어 이것이 태양 복사를 흡수하여 대기의 온도를 높이게 된다.

온도가 몇 도만 올라가도 이산화탄소의 승화로 대기압이 에베레스트산 높이에서의 값과 비슷한 0.30hPa가 될 것이다. 이 정도면 사람이 보호복을 입지 않아도 되는 '암스트롱 한계(Armstrong limit)' 이상이 되어 식물성 플랑크톤(phytoplankton)이 이산화탄소를 산소로 분해한다.

목성 근처 소행성에 있는 많은 양의 암모니아를 화성 대기로 가져와서 그중 질소가 지구에서 질소 가스의 역할과 같은 완충제 가스의 역할을 하게 하여 대기의 기온과 질량을 높여 줄 수 있다. 또 다른 방법은 토성의 위성 타이탄에 있는 많은 양의 메테인이나 탄화수소를 가져오는 것이다. 메테인은 대기압을 높이고 산화철과 반응하여 물과 이산화탄소를 만들 수 있다. 대기에 수소를 공급하면 이것이 토양의 산화철과 반응해서 열과 물을 만들 수 있다.

다음으로는 플루오린을 포함한 온실가스를 이용하는 것이다. 프레온가스 CFC와 과불화탄소가스 PFC와 같은 육불화황(SF_6)이나 할로겐화탄소(halocarbon)를 활용한다. 이 가스들은 이산화탄소보다 수천 배 더 강한 온실효과를 가져온다. 압축된 CFC와 같은 가스를 로켓에 실어 화성으로 보내 충돌시키는 것이다. CFC나 PFC와 같이 플루오린을 추출할 수 있는 광물질이 화성에도 지구와 같이 풍부하다.

얇은 알루미늄 PET 필름으로 만들어진 거울을 궤도에 올려놓아 화성의 태양 복사를 화성으로 향하게 해서 표면의 온도를 높일 수 있다. 이 거울은 화성에서 볼 때 정지되어 있는 위치에서 안정적으로 화성 표면을 조사할 수 있게 한다. 거울을 극에 향하게 하면 그곳의 이산화탄소를 승화시킬 수 있다.

태양계에서 가장 어두운 색깔을 가진 화성의 위성들에 있는 어두운 색깔의 먼지를 채취하여 화성 표면에 뿌려 태양열의 반사량을 줄일 수도 있다. 이끼, 조류(algae), 박테리아와 같은 어두운 극한성 생물을 뿌려서 표면을 더 어둡게 하는 방법도 있다. 이러한 생물은 대기에 산소도 공급할 것이다. 2012년 4월 독일항공우주센터(DLR)가 운영하는 화성모의실험실(MSL)의 모의 화성 조건 실험에서 이끼와 시아노박테리아가 살아남고 34일 후에 광합성의 놀라운 적응 능력을 보여주었다.

다음은 작은 소행성을 화성 표면에 충돌시키는 것이다. 충돌 열이 이산화탄소를 승화시키고 물을 녹일 것이다. 소행성은 암모니아, 질소, 산소 등도 대기에 공급한다.

자기권이 있다면 태양복사를 차단하고 대기를 보존할 수 있다. 현재 화성에서 탐지된 약한 자기장은 오래전에 사라진 자기장의 찌꺼기이다. 태양풍이 화성 대기와 직접 상호 작용하여 원자가 우주 공간으로 방출된다. 태양풍은 대기를 플라스모이드(plasmoid)라고 불리는 자기구 내의 플라스마와 자기장의 버블(bubble)에 갇히게 한다. 지구 자기장의 세기는 31μT이다. 화성에서 이와 같은 현상을 막기 위해서는 태양으로부터의 먼 거리를 고려한다고 해도 이와 비슷한 세기의 자기장이 필요하다. 그러나 그러한 자기장을 갖게 하는 기술이 현재는 존재하지 않는다. 두터운 대기는 자기장이 없더라도 태양복사로부터 생명을 보호해 줄 수 있다.

낮은 중력에서의 장기간 거주가 건강에 어떤 영향을 미치는지는 아직 잘 알려지지 않았다. 화성 식민지가 건설되기 전에 이 문제도 밝혀져야 될 것이다.

화성을 인간의 식민지로 만들어 여러 사람이 거주하게 하려면 가급적 화성 현지의 자원을 많이 활용하여 지구에서 가져가는 물질의 양을 최소화시킬 수 있어야 한다. 화성에서 활동하는 인간이나 과학 장비에 생명 유지, 추진제, 건축자재, 그리고 에너지를 현지의 자원을 활용해서 공급해 주는 방법이 있다. 식민지의 에너지원으로는 태양 에너지가 활용된다. 화성에 도달하는 태양복사는 지구의 약 42%이다(거리는 52% 더 멀고 강도는 거리의 제곱에 역비례한다.). 그러나 대기가 희박하여 태양빛의 4분의 1을 흡수하는 지구 대기에 비하면 거의 전부를 통과시킨다. 화성 표면의 태양빛은 지구에서 중간 정도로 흐린 날과 같을 것이다. 핵에너지가 이용될 수도 있는데, 핵물질은 부피가 작아서 지구에서 운반하기도 쉽다.

화성에서는 지구로의 귀환을 위한 로켓 연료의 조달도 가능하다. 전형적인 형태는 높은 온도(300~400℃)에서 빠르게 일어나는 사바티어 반응(Sabatier reaction), 즉 $CO_2 + 4H_2 \rightarrow CH_4 + 2H_2O$을 활용하는 것이다. 이산화탄소와 수소로부터 추진제로 사용되는 메테인과 물을 얻을 수 있다. 물을 전기분해하여 산소와 수소를 만들고, 수소는 다시 사바티어 반응에 활용된다. 이 반응이 유용한 것은 지구에서는 적은 양의 수소만 가져가도 되기 때문이다. 이와 비슷한 반응으로 역수가스전환반응(reverse water gas shift reaction), 즉 $CO_2 + H_2 \rightarrow CO + H_2O$이 있다. 이 반응은 400℃에서 철-크롬 촉매제가 있으면 빠르게 일어난다. 여기에서 만들어지는 물을 전기분해하여 만들어지는 산소는 연료의 산화제로 사용된다. 산소를 만드는 다른 방법은 대기 중의 이산화탄소를 전기분해하는 것이다. 즉 $2CO_2$(+에너지) → $2CO + O_2$이다. 얼음과 물, 산화철에서 철과 산소를 분리할 수 있다.

물자를 짧은 기간에 낮은 비용으로 화성으로 운반하기 위해서는 앞으로 로켓의 새로운 추진 방법도 개발되어야 한다. 우주선을 화성으로 보내는 데는 대체로 200~300일이 걸렸다. 같은 질량의 물체를 지구에서 보내는 데 드는 에너지의 양은 화성이 금성 다음으로 가장 낮다. 우주선이 지구 궤도를 벗어나는 데 가장 효율적이고 비용이 가장 적게 드는 호만전이궤도(Hohmann Transfer Orbit)를 사용해도 화성까지 가는 데 약 9개월이 걸린다. 현재 개발되고 있는 가변특수충격자기플라스마로켓(VASIMR)은 전파를 이용해서 추진체를 전리시키고 가열시킨다. 그렇게 만들어진 플라스마를 자기장을 이용하여 가속시켜서 추진력을 얻는 방법이다. VASIMR이나 핵 로켓을 사용하면 여행 기간을 약 2주 정도로 줄일 수 있다. 그 외에도 이미 실용화된 솔라세일(solar sail)이나 이온 드라이브(ion drive)를 사용해도 여행 기간을 몇 주로 줄일 수 있다. 앞으로 탄소 나노튜브가 실용화되어 우주 엘리베이터가 건설되면 화성으로의 물류비용을 획기적으로 줄일 수 있을 것이다.

지구와 화성 식민지 사이의 통신을 위해서는 통신 중계를 위한 궤도선이 먼저 설치되어야 한다. 전파가 빛의 속도로 전파되기 때문에 화성과의 통신 시간은 가장 가까운 때의 약 3분에서 22분이 걸린다. 또한 지구와 화성 사이에 태양이 끼어드는 외합에서는 약 2주 동안 통신이 되지 않을 수 있다. 이것을 해결하기 위해서는 지구-태양의 라그랑주(Lagrange) 점인 L4/L5에 중계소를 설치하는 것과 중계 우주선을 지구와 화성의 궤도면에서 벗어나게 하는 고도의 비 케플러(highly non-Keplerian) 궤도에 위치하게 하는 것이다.

화성 표면에서 인간이 거주하기에 가장 적합한 장소는 어디일까? 남북극에 많은 얼음이 존재하는 것이 발견되면서 극 지역이 한때 고려되었으나 극 지역은 온도가 낮고 겨울에는 밤, 여름에는 낮이 계속되는 단점을 가지고 있다.

적도 지역도 고려되고 있다. 아르시아 화산(Arsia Mons) 근처에서 마스오디세이가 자연 동굴을 발견하였는데, 이곳에 정착촌을 건설할 경우 복사와 미소운석으로부터 보호받을 수 있다. 지열 에너지도 활용이 가능하다.

중위도(Midland) 지방은 더 탐사해야 한다. 여기는 계절의 변화가 적도로부터 거리에 따라 커진다. 마리네리스 계곡은 길이 3,000킬로미터, 깊이 8킬로미터의 거대한 계곡으로, 이곳에서는 대기압이 평균보다 25% 높다. 몇 개의 용암튜브 천공창(skylight)도 발견되었다. 일부는 복사로부터 보호받을 수 있는 긴 튜브로서 적절한 정착지 후보로 고려되고 있다. 이러한 튜브의 입구는 현지의 물질로 쉽게 막을 수도 있다.

화성 식민지 계획은 이미 여러 가지가 나와 있다. '마스투스테이(Mars to Stay)' 계획은 우주인이 화성 표면으로부터 지구로 귀환하는 것이 아주 어려운 점을 감안하여 최초로 화성으로 간 우주인을 돌아오지 못하게 하고 그곳에 머물게 하자는 것이다. 사용되지 않은 비상귀환 우주선은 정착촌 건설에 사용한다. 이러한 임무는 비용을 줄이고 영구적인 화성 정착을 확실히 해 준다는 점에서 상당한 지지를 얻고 있다. 현재까지 제안된 화성 정착 계획들은 대부분 지구로의 귀환은 생각하지 않는 이와 같은 일방통행 계획이다. 과거 아폴로 우주인이었던 알드린(Buzz Aldrin)이 "달은 잊어라. 화성으로 향하자."라는 구호로 이 계획에 앞장서고 있다.

우주 활동가인 맥켄지(Bruce Mackenzie)도 1998년 국제우주개발회의(ISDC)에서 '화성으로의 일방통행-최초 임무에서 영구 정착(One Way to Mars-a Permanent Settlement on the First Mission)'이라는 발표를 통해서 일방통행을 제안하였다. 그는 기술적인 어려움과 높은 비용을 감안해서 최초의 화성 방문 우주인은 정착인이 되어야 한다고 주장하였다.

미국 애리조나주립대학의 물리학자인 데이비스(Paul Davies)도 2004년에 비슷한 주장을 하였다. 데이비스에 따르면 4명 우주인의 초기 식민지는 작은 원자로와 두어 개의 로버가 있고, 산소를 자체적으로 만들며, 식품을 경작하고, 그곳의 물질을 이용해서 건물도 짓는다. 식품이나 의약품을 비롯한 필요한 물질을 지구에서 공급받아 장기간 거주가 가능해진다.

알드린은 조금 다른 계획을 제안하였다. 그는 6명씩 팀을 이루어 30명이 화성으로 가서 화성에 정착을 시작한다는 것이다. 화성에는 인간이 살아가는 데 필요한 자연자원을 거의 모두 조달할 수 있으므로 영구적인 정착이 결코 어려운 일은 아니라는 것이다.

미국 워싱턴주립대학의 슐즈-마쿠(Dirk Schulze-Makuch)과 데이비스는 2010년 4명의 승무원을 한 팀으로 해서 화성 정착을 시작하고, 지하에 안락한 거주 공간이 마련되면 150명 이상의 정착촌이 건설되고 물자는 정기적으로 지구에서 조달한다는 계획을 발표하였다.

네덜란드의 기업가인 란스돌프(Bas Lansdorp)는 2012년 6월 화성에 인간의 영구적인 정착촌을 세우는 '마스원(Mars One)' 계획을 발표하였다. 이 계획에 따르면 2016년에 화성에 통신위성과 함께 정착 후보지를 탐색하는 착륙선을 보내 적당한 정착지를 물색한 후, 2023년에 4명의 우주인이 그곳에 정착한다는 것이다. 그 후 매 2년마다 4명으로 이루어진 새로운 정착인이 화성으로 간다. 이 계획에도 지구 귀환은 포함되지 않았다. 이 계획에는 약 60억 달러가 소요될 예정인데 전 세계에 방송망을 가진 리얼리티(reality)-TV가 대부분의 비용을 책임지는 것으로 알려졌다. 이 사업의 첫 단계에는 전 세계에서 화성 여행 희망자를 선발한 뒤 전 세계적인 리얼리티-TV 행사를 통해 기금을 마련할 계획이다. '마스 원' 관계자들은 지금까지 전 세계의 다양한 민간 우주선 회사들과 접촉해 주요 계획마다 최소한 1개 공급자를 확보하였다고 밝혔다. 후원금은 대부분 항공 부품 공급업체들이 제공하는 개념 설계에 투입될 예정이다. 란스돌프는 '마스원'이라는 이름으로 2021년 10월 비영리 재단을 설립하였다.

2005년에는 화성에 대한 사설 인간 프로그램을 추진하는 마스드라이브(MarsDrive)라는 국제기구가 창설되었다. 이 기구는 북미, 유럽, 호주와 아시아 등 세계적으로 회원과 지점을 두고 있다. 이 단체는 적은 비용으로 인간을 화성에 보내는 계획과 자금 조달, 그리고 화성 엑스포를 개최하는 일을 추진하고 있다.

부록

참고 문헌

Barlow, Nadine G., Mars: *An Introduction to its Interior, Surface, and Atmosphere*, Cambridge Planetary Science Series, Cambridge University Press, 2008.

Bell, Jim, *Mars 3-D: A Rover's-Eye View of the Red Planet*, Sterling, 2008.

Bell. Jim, *The Martian Surface: Composition, Mineralogy, and Physical Properties*, Cambridge Planetary Science Series, Cambridge University Press, 2008.

Bradbury, Ray, *The Martian Chronicles*, William Morrow, 1997.

Burroughs, Edgar Rice, *A Princess of Mars*, CreateSpace, 2011.

Chaikin, Andrew, Cameron, James, *A Passion for Mars: Intrepid Explorers of Red Planet*, Abrams, 2008.

Chapman, Mary, *The Geology of Mars: Evidence from Earth Based Analogs*, Cambridge Planetary Science Series, Cambridge University Press, 2011.

Carr, Michael H., *The Surface of Mars, Cambridge Planetary Society Series*, Cambridge University Press, 2007.

Davies, Paul, Levine, Joel, Schild, Rudolf, *Human Mission to Mars, Colonizing the Red Planet*, Cosmology.com, 2010.

Forget, Fracois, Costard, Francois, Lognonne, Philippe, *Planet Mars: Story of Another World*, Praxis; 2008 edition, 2007.

Griffith, George C., *A Honeymoon in Space*, Collector's Guide Publishing, Inc., 2011.

Harland, David, *Water and Search for Life on Mars*, Springer Praxs Books, 2005.

Hubbard, Scott, *Exploring Mars*, University of Arizona Press, 2012.

Kargel, Jeffrey, *Mars-A Warmer, Wetter Planet*, Springer, 2004.

Keiffer, Hugh H., *Mars,* Space Science Series, University of Arizona Press, 1992.

Lowell, Percival, *Mars and Its Canals*, The Macmillan Company, 1906.

Lowell, Percival, *Mars*, BiblioBazaar, 2008.

Lowell, Percival, *Mars: Is There Life on Mars?*, Forgotten Books, 2008.

Lowell, Percival, *Mars*, Kessinger Publishing LLC, 2010.

Lowell, Percival, *Mars As The Abode of Life*(1908), Kessinger Publishing LLC, 2010.

Lowell, Percival, Chosön, *The Land of The Morning Calm: A Sketch of Korea*, Nabu Press, 2010

Mitchell, Edgar D., *A One Way Mission to Mars: Colonizing the Red Planet*, Cosmology Science Publishers, 2011.

Nelson, Earl, *There is Life on Mars*, Citadel Press, 1956.

Pyle, Rod, Destination Mars: *New Exploration of the Red Planet*, Prometheus Books, 2012.

Sheehan, William, Planet Mars: *A History of Observation & Discovery*, Univ. of Arizona Press, 1996.

Sheehan, William, Mars: *The Lure of the Red Planet*, Prometheus Books, 2001.

Taylor, F.W., *The Scientific Exploration of Mars*, Cambridge University Press, 2010.

Tolstoy, *Alexei*, Aelita, Fredonia Books, 2001.

Vogt, Gregory, L., *Landscapes of Mars: A Visual Tour*, Springer, 2008.

von Braun, Wernher, *Project Mars: A Technical Tale*, Collector's Guide Publishing, Inc, 2006.

Wallace, Alfred R., *Is Mars Habitable*, Dodo Press, 2007.

Wallace, Alfred R., *Man's Place in the Universe*, BiblioBazaar, 2009.

Wells, H.G., *The War of The Worlds*, CreateSpace, 2011.

Zubrin, Robert, *How to Live on Mars: A Trusty Guidebook to Surviving and Thriving on the Red Planet*, Three Rivers Press, 2008.

Zubrin, Robert, *The Case for Mars: The Plan to Settle the Red Planet and Why We Must*, Free Press, 2011.

※ 화성 관련 사진은 NASA 사진을 사용하였음.

참고 웹사이트

www.absoluteastronomy.com

www.dlr.de

www.encyclopedia.com

www.esa.int

www.jaxa.jp

www.marsdrive.com

www.nasa.gov/mars

www.newworldencyclopedia.org

www.solarviews.com

www.space.com

www.spaceadventures.com

www.spacefuture.com

www.spacemart.com

www.spacetourismsociety.com

www.space-travel.com

www.universetoday.com

en.wikipedia.org/wiki

isro.org

mars.jpl.nasa.gov

화성 탐사 우주선 목록

우주선	발사국	발사일 (년.월.일)	도착	임무(성과)
Mars 1960A	소련	1960.10.10		근접 통과 (지구 궤도 진입에 실패)
Mars 1960B	소련	1960.10.14		근접 통과 (지구 궤도 진입에 실패)
Mars 1962A	소련	1962.10.24		근접 통과 (지구 궤도로 향하던 중 폭발)
Mars 1962B	소련	1962.11.4		착륙선 (화성으로 향하는 궤도 진입 중 파괴)
Mars 1	소련	1962.11.1	1963.6.19	근접 통과 (화성으로 향하던 중 통신 두절, 근접 통과)
Mariner 3	미국	1964.11.5		근접 통과 (보호막 탈착 실패로 화성으로 향하는 데 실패)
Zond 2	소련	1964.11.30		근접 통과 (화성으로 향하던 중 1965.4 통신 두절, 근접 통과)

Mariner 4	미국	1964.11.28	1965.7.14	근접 통과(성공, 최초의 화성 근접 사진 전송, 1967.11.21 통신 두절)
Mariner 6	미국	1969.2.24	1969.7.31	근접 통과(성공)
Mariner 7	미국	1969.3.27	1969.8.5	근접 통과(성공)
Mars 1969A	소련	1969.3.27		궤도선(발사 실패)
Mars 1969B	소련	1969.4.2		궤도선(발사 실패)
Mariner 8	미국	1971.5.9		궤도선(발사 실패)
Cosmos 419	소련	1971.5.10		궤도선(지구 궤도 탈출 실패)
Mars 2	소련	1971.5.19	1971.11.27	궤도선과 착륙선(다른 행성 궤도를 돈 최초의 소련 우주선, 최초로 화성 표면에 도달한 인공물체, 자료전송 실패)
Mars 3	소련	1971.5.28	1971.12.2	궤도선과 착륙선(계획된 것과 다른 궤도 진입, 연착륙 15초 후 접촉 실패, 자료전송 실패)
Mariner 9	미국	1971.5.30	1971.11.14	궤도선(다른 행성 궤도를 돈 최초의 우주선, 1972.10.27 작동 중지)
Mars 4	소련	1973.7.21	1974.2.10	궤도선(화성 궤도 진입 실패, 근접 통과)
Mars 5	소련	1973.7.25	1974.2.2	궤도선과 착륙선(착륙 수초 내에 활동 정지)
Mars 6	소련	1973.8.5	1974.3.12	통과선과 착륙선(착륙선은 충돌)

Mars 7	소련	1973.8.9	1974.3.9	통과선과 착륙선(착륙에 실패)
Viking 1	미국	1975.8.20	1976.6.19	궤도선(성공, 1980.8.17 활동 정지)
			1976.7.20	착륙선(성공, 1982.11 활동 정지)
Viking 2	미국	1975.9.9	1976.8.7	궤도선(성공, 1978.7.24 활동 정지)
			1976.9.3	착륙선(1980.4.12 활동 정지)
Phobos 1	소련	1988.7.7		궤도선(화성으로 가는 도중 실종)
Phobos 2	소련	1988.7.12	1989.1.29	궤도선(두 달 동안 궤도에서 정보수집 후 1989.3.27 통신 두절)
Mars Observer	미국	1992.9.25	1993.8.24	궤도선(1993.8.21 도착 직전 실종)
MGS(Mars Global Surveyor)	미국	1996.11.7	1997.9.11	궤도선(성공, 2006.11.5 활동 정지)
Mars 96 (Mars 8)	소련	1996.11.16		궤도선과 착륙선(지구 궤도 탈출 실패)
Mars Pathfinder	미국	1996.12.4	1997.7.4	착륙선과 표면탐사선(성공, 1997.9.27 활동 정지)
Nozomi (Planet B)	일본	1998.7.3	2003.12.14	궤도선(화성 궤도 진입에 실패, 근접 통과)
MCO(Mars Climate Orbiter)	미국	1998.12.11	1999.9.23	궤도선(표면에 추락)

MPL(Mars Polar Lander)	미국	1999.1.3	1999.12.3	착륙선(표면에 충돌)
Deep Space 2	미국	1999.1.3	1999.12.3	표면침투선(표면에 충돌)
2001 Mars Odyssey	미국	2001.4.7	2001.10.24	궤도선(성공, 현재도 활동 중)
Mars Express	유럽	2003.6.2	2003.12.25	궤도선(성공, 최초의 유럽 화성 궤도선, 표면 지도 작성)
Beagle 2	영국	2003.6.2	2003.12.25	착륙선(착륙 실패, 통신 두절)
Spirit (MER-A)	미국	2003.6.10	2004.1.4	표면탐사선 (성공, 2010.3.22 활동 정지)
Opportunity (MER-B)	미국	2003.7.7	2004.1.25	표면 탐사선(성공, 현재도 활동 중)
Rosetta	유럽	2004.3.2	2007.2.25	혜성으로 가는 도중 근접 비행
MRO(Mar Reconnaissance Orbiter)	미국	2005.8.10	2006.3.10	궤도선(성공, 표면 탐사, 현재도 선회 중)
Phoenix	미국	2007.8.4	2008.5.25	착륙선(성공, 북극 근처에서 지질탐사)
Dawn	미국	2007.9.27	2009.2.17	소행성 베스타로 가기 위한 중력보조
Fobos-Grunt	러시아	2011.11.9		착륙선(포보스 토양 샘플 회수계획이나 실패)

Yinghuo-1	중국	2011.11.9		궤도선(포보스-그룬트와 함께 발사, 실패)
MSL Curiosity	미국	2011.11.26	2012.8.5	표면탐사선(표면과 대기의 화학적 물리적 분석)
Mangalyaan	인도	2013.11.5	2014.9.24	궤도선(발사 성공)
MAVEN	미국	2013.11.18	2014.9	궤도선(대기와 진화 연구)
ExoMars/ Trace Gas Orbiter	유럽/러시아	2016		궤도선과 착륙선(표면과 대기 탐사)
ExoMars /Rover	유럽/러시아	2018		표면탐사선
MEJI	미국/유럽		2020년대	화성 토양 표본 지구 회수
Mars-Grunt	러시아		2020년대	화성 토양 표본 지구 회수
Mars Sample Return Mission	유럽/미국		2020	화성 토양 표본 지구 회수

화성 탐사 우주선의 수와 성공률

· 화성으로 발사된 우주선의 수

1960년대	1970년대	1980년대	1990년대	2000년대	2010년대	총 수
13	11	2	8	8	3	45

· 화성 탐사선의 성공률

형태	성공률(%)	시도	성공	부분 성공	발사 실패	중도 실패	궤도 진입/ 착륙 실패
근접통과	45	11	5		4	2	
궤도선	50	22	9	2	5	3	3
착륙선	30	10	3			3	4
로버	57	7	4	1			2
표본회수	0	1				1(포보스 1)	
총 수	42	51	21	3	9	9	9

※ 여기에서 시도 수가 발사된 우주선의 총 수보다 많은 것은 한 우주선에 형태가 다른 탐사선이 복수로 실리기도 하였기 때문이다.

영문 두문자어(頭文字語, 略語) 풀이

AFL(Astrobiology Field Laboratory) 우주생명체현장실험선

APXS(Alpha Particle X-ray Spectrometer) 알파입자 X선 분광기

APXS(Alpha Proton X-ray Spectrometer) 알파양성자 X선 분광기

ARC(Ames Research Center) 에임스연구센터

ASI/MET(Atmospheric Structure Instrument/Meteorology) 대기구조기기/기상관측기

BI(Biospherics Incorporated) 생물권회사 BI

CFC(chlorofluorocarbon) 염화플루오린화탄소, 프레온가스

ChemCam(Chemistry and Camera Complex) 화학성분분석과 카메라 복합기

CheMin(Chemistry and Minology) 광물의 화학성분분석기

CNSA(China National Space Administration) 중국국가우주국

COSPAR(Committee on Space Research) 우주연구위원회

CRISM(Compact Reconnaissance Imaging Spectrometer for Mars) 화성정찰영상분광기

DLR(Deutsches Zentrum Fur Luft-and Raumfahrt) 독일항공우주센터

DNA(deoxyribonucleic acid) 디옥시리보핵산

ECLSS(Environmental Control and Life Support System) 환경통제와 생명유지시스템

ERV(Earth Return Vehicle) 지구귀환우주선

ESA(European Space Agency) 유럽우주국

FMARS(Flashline Mars Arctic Research Station) 플래시라인 화성북극연구기지

GCMS(Gas Chromatograph/Mass Spectrometer) 가스크로마토그라프/질량분광기

GEX(Gas Exchange) 가스교환

GRS(Gamma-Ray Spectrometer) 감마선분광기

HiRISE(High Resolution Imaging Science Experiment) 고분해능영상카메라

HRSC(High Resolution Stereo Camera) 고해상도스테레오카메라

HSFPC(Human Space Flight Plans Committee) 인간우주비행계획위원회

HZ(Habitable Zone) 생물이 살아갈 수 있는 대역

IBMP(Institute of Biomedical Problems) 생의학문제연구소

IMF(Inspiration Mars Foundation) 인스피레이션화성재단

IMP(Imager for Mars Pahfinder) 화성패스파인더탐사선촬영기

IRTM(Infrared Radiometer for Thermal Mapping) 적외선열분포도작성기

ISDC(International Space Development Conference) 국제우주개발회의

ISRO(Indian Space Research Organization) 인도우주개발기구

IUVS(Image Ultraviolet Spectrometer) 영상자외선분광기

JPL(Jet Propulsion Laboratory) 제트추진연구소

LIBS(Laser-Induced Breakdown Spectroscopy) 레이저유도분광분석기

LIDAR(Light Detection and Ranging) 라이다

LR(Labeled Release) 표지방출실험

MAG/ER(Magnetometer/Electron Reflectometer) 자기계/전자반사계

MAHLI(Mars Hand Lens Imager close-up camera) 근접영상카메라

MARIE(Mars Radiation Environment Experiment) 화성복사환경실험장치

MARPOST(Mars Piloted Orbital Station) 화성유인궤도정거장

MAV(Mars Ascent Vehicle) 화성이륙상승우주선

MAVEN(Mars Atmosphere and Volatile Evolution) 화성대기와 변화무쌍한 진화탐사선

MAWD(Infrared Spectrometer for Water Vapor Mapping) 수분분포도를 위한 적외선분광기

MCI(Mars Color Imager) 화성색영상기

MCO(Mars Climate Orbiter) 화성기후탐사궤도선

MCS(Mars Climate Sounder) 화성기후측심기

MECA(Microscopy, Electrochemistry, and Conductivity Analyzer) 현미경, 전기화학과 전도율분석기

MEJI(Mars Exploration Joint Initiative) 화성탐사합동계획

MEP(Mars Exploration Program) 화성탐사계획

MER(Mars Exploration Rover) 화성탐사로버

MFE(Microrover Flight Experiment) 소형로버비행실험

MGS(Mars Global Surveyor) 화성글로벌측량선

MHU(Mars Habitat Unit) 화성거주단위

MI(Macroscopic Imager) 마크로영상기

Mini-TES(Miniature Thermal Emission Spectrometer) 소형열방출분광기

MOC(Mars Orbiter Camera) 화성궤도카메라

MOLA(Mars Observer Laser Altimeter) 마스옵서버우주선 레이저고도계

MPK(Mars Piloted Complex) 소련의 화성탐사우주선이름

MPL(Mars Polar Lander) 화성극지착륙선

MPPG(Mars Program Planning Group) 화성프로그램계획그룹

MRO(Mars Reconnaissance Orbiter) 화성정찰궤도선

MSC(Marshall Spaceflight Center) 마샬우주비행센터

MSG(Mars Society Germany) 독일화성학회

MSL(Mars Science Laboratory) 화성과학실험실

MSL(Mars Simulation Laboratory) 화성모의실험실

MSP(Mars Scout Program) 화성정찰프로그램

MSR(Mars Sample Return) 화성표본회수

NASA(National Aeronautics and Space Administration) 미국항공우주국

NGIMS(Neutral Gas and Mass Spectrometer) 중성가스와 이온질량분광기

OMEGA(Visible and IR Mineralogical Mapping Spectrometer) 가시관성과 적외선광물지도 분광기

PAHs(Polycyclic Aromatic Hydrocarbons) 핵방향족탄화수소

PFC(perfluorocarbon) 과불화탄소

PET(polyethylene terephthalate) 합성수지

PMIRR(Pressure Modulated IR Radiometer) 압력변조적외선복사계

PR(Pyrolytic Release) 열분해방출실험

OMM(Orion Mars Mission) 오리온화성임무

QMS(Quadrupole Mass Spectrometer) 사중질량분광기

RAD(Radiation Assessment Detector) 복사량조사탐사기

REMS(Rover Environmental Monitoring Station) 로버환경조사기기

RAS(Russian Academy of Sciences) 러시아과학아카데미

RFSA(Russian Federal Space Agency) 러시아연방우주국

RMI(Remote Micro Imager telescope) 원격마이크로영상망원경

RNA(rivonucleic acid) 리보핵산

RPA(Retarding Potential Analyzer) 속도지체퍼텐셜분석기

SAM(Sample Analysis at Mars) 화성시료분석기

SHARAD(Shallow Subsurface Radar) 지하투시레이더

SNC(shergottite-nakhlite-chassignite) 운석의 종류

SRU(In-Situ Resource Utilization) 현지자원의 활용

SSI(Stereo Surface Imager) 스테레오표면영상기

SSPE(solar proton event) 태양양성자이벤트

SSSRA(Sub-Surface Sounding Radar Altimeter) 지하사운딩레이더고도계

STATIC(SupraThermal And Thermal Ion Composition) 열이온측정기

SWEA(Solar Wind Electron Analyzer) 태양풍전자분석기

SWIA(Solar Wind Ion Analyzer) 태양풍이온분석기

TEGA(Thermal and Evolved Gas Analyzer) 열진화가스분석기

TES(Thermal Emission Spectrometer) 열방출분광기

THEMIS(Thermal Emission Imaging System) 열방출영상장치

TLS(Tunable Laser Spectrometer) 가변레이저분광기

TMI(The Mars Initiative) 인간을 화성에 보내려는 계획

VASIMR(Variable Specific Impulse Magnetoplasma Rocket) 가변특수충격자기프라스마로켓

인명 찾아보기(영문 표기, 출생~사망 연도, 국적)

가다드(Robert H. Goddard) 1882~1945, 미국 41
갈릴레오 갈릴레이(Galileo Galilei) 1564~1642, 이탈리아 19
그리말디(Francesco Maria Grimaldi) 1618~1663 이탈리아 19
그리피스(George Griffith) 1857~1906, 폴란드-영국 41
길(David Gill) 1843~1914, 스코틀랜드 25

넬슨(Horatio Nelson) 1758~1805, 영국 47
넬슨(Earl Nelson) 1890~1957, 영국 47
뉴턴(Isaac Newton) 1642~1727, 영국 18
니콜슨(S.B. Nicholson) 1891~1963, 미국 39

더글라스(Andrew Ellicott Douglass) 1867~1962, 미국 32
다윈(Charles Darwin) 1809~1882, 영국 34, 160
던햄(Theodore Dunham) 1897~1984, 미국 36
데닝(William F. Denning) 1848~1931, 영국 28
데이비스(Paul Davies) 1946~ , 영국 225
도우스(William R. Dawes) 1762~1836, 영국 23
돌퓌스(Audouin Dollfus) 1924~2010, 프랑스 18
드보끌레르(Gerard de Vaucouleurs) 1918~1995, 프랑스 37

란스돌프(Bas Lansdorp) 1977~ , 네덜란드 226
란야드(Cowper Ranyard) 1845~1894, 영국 30
램플랜드(Carl Otto Lampland) 1873~1951, 미국 33, 39
러셀(Henry Norris Russell) 1877~1957, 미국 37
레빈(Gilbert Levin) 미국 71
로웰(Percival Lowell) 1855~1916, 미국 5, 28, 34
루(Warren De la Rue) 1815~1889, 영국 23
루돌프(Rudolph II) 1552~1612, 독일 황제 18
리처드슨(Robert Richardson) 1912~1981, 미국 36
리치올리(Giovanni Battista Riccioli) 1598~1671, 이탈리아 19

마랄디(Jacques Philippe Maraldi) 1665~1729, 이탈리아 20
마운더(Edward W. Maunder) 1851~1928, 영국 25, 27
맥로린(Dean McLaughlin) 1931~ , 미국 38
맥켄지(Bruce Mackenzie) 미국 225
메들러(Johann Heinrich Mädler) 1794~1874, 독일 22
뮬러(Gustav Müller) 1851~1925, 독일 25
미첼(Ormsby M. Mitchel) 1810~1862, 미국 23
밀러(Joseph Miller) 미국 72
밀러(Stanley Miller) 1930~2007, 미국 161

버너드(Edward E. Barnard) 1857~1923, 미국 33
바다(Jeff Bada) 미국 163
바르톨리(Daniello Bartoli) 1608~1685, 이탈리아 19
버로우(Edgar Rice Burroughs) 1875~1950, 미국 42

베이커(David Baker) 미국 202
보겔(Herman C. Vogel) 1841~1907, 독일 25
보데(Johann Elert Bode) 1747~1826, 독일 22
브라헤(Tycho Brahe) 1546~1602, 덴마크 17
브래드버리(Ray Bradbury) 1920~2012, 미국 117
비어(Wilhelm Beer) 1797~1850, 독일 22

체룰리(Vincenzo Cerulli) 1859~1923, 이탈리아 33
세이건(Carl Sagan) 1934~1996, 미국 83
세치(Pietro Angelo Secchi) 1818~1878, 이탈리아 23
슐즈-마쿡(Dirk Schulze-Makuch) 1964~ , 미국 226
스키아파렐리(Giovanni V. Schiaparelli) 1835~1910, 이탈리아 5, 26, 30, 34
스토니(George J. Stoney) 1826~1911, 영국 30
스트루골드(Huberous Strughold) 1898~1986, 독일/미국 38
스트루브(F.G.W. Struve) 1897~1963, 러시아 26
스핀래드(Hyron Spinrad) 1934~ , 미국 36, 37
스필버그(Steven Spielberg) 1946~ , 미국 41
슬라이퍼(Vesto Melvin Slipher) 1875~1969, 미국 35, 38
신턴(William M. Sinton) 1925~2004, 미국 38

아레니우스(Svante Arrhenius) 1859~1927, 스웨덴 38, 163
아리스토텔레스(Aristoteles) BC 384~BC 322, 그리스 16
안토니아디(Eugene .M. Antoniadi) 1870~1944, 그리스 33
알드린(Buzz Aldrin) 1930~ , 미국 225
아담스(Walter Sydney Adams) 1876~1956, 미국 35

얀센(Pierre Janssen) 1824~1907, 프랑스 25
엥케(Johann Franz Encke) 1791~1865, 독일 22
영(Charles A. Young) 1834~1908, 미국 33
오야마(Vance Oyama) 1922~1998, 미국 71
오파린(Alexander I. Oparin) 1894~1980, 러시아 160
외픽(Ernst J. Öpik) 1893~1985, 에스토니아 38
월러스(Alfred Russel Wallace) 1823~1913, 영국 34
웰스(Orson Welles) 1915~1985, 미국 41
웰스(Herbert George Wells) 1866~1946, 영국 5, 39, 177
위크라마싱(Chandra Wickramasinghe) 1939~ , 스리랑카/영국 167
윌트(Rupert Wildt) 1905~1976, 독일/미국 37
유레이(Harold Urey) 1893~1981, 미국 161

젤너(Johann K.F. Zöllner) 1834~1882, 독일 24
주브린(Robert Zubrin) 1952~ , 미국 202

카라쉬(Yuri Karash) 1963~ , 러시아 200
카시니(Giovanni Domenico Cassini) 1625~1712, 이탈리아/프랑스 20
카이저(Frederik Kaiser) 1808~1872, 네덜란드 23
카이퍼(Gerald P. Kuiper) 1905~1973, 미국 36, 37, 38
캠펠(William W. Campbell) 1862~1938, 미국 35
케플러(Johannes Kepler) 1571~1630, 독일 18
켐프(Paul Kempf) 1856~1920, 독일 25
코블랜츠(W.W. Coblentz) 1873~1962, 미국 39
코파라푸(R.K. Kopparapu) 미국 172

코페르니쿠스(Nicolaus Copernicus) 1473~1543, 폴란드 17
콜리스(Korliss) 미국 36
클라크(Arthur C. Clarke) 1917~2008, 영국 95
키스(Kies) 미국 36

털(Robert G. Tull) 1929~ , 미국 36
테일러(F.W. Taylor) 미국 205
톨론(Louis Thollon) 1829~1887, 프랑스 27
톨스토이(A.N. Tolstoy) 1882~1945, 러시아 43
티코프(G.A. Tikhoff) 러시아 37
티콘라보프(Mikhail Tikhonravov) 1900~1974, 러시아 200
티토(Dennis Tito) 1940~ , 미국 204

페로틴(Henri Joseph Perrotin) 1845~1904, 프랑스 27
페티트(E. Pettit) 미국 39
폰 브라운(Wernher von Braun) 1912~1977, 독일/미국 47
폰타나(Francesco Fontana) 1580~1656, 이탈리아 19
플로게르그(Honoré Flaugergues) 1755~1835, 프랑스 22
프라운호퍼(Joseph Heinrich Fraunhofer) 1787~1826, 독일 22
프랫(Henry Pratt) 1838~1891, 영국
프레드리히 2세(Frederick II) 1534~1588, 덴마크의 왕 17, 18
프록터(Richard A. Proctor) 1837~1888, 영국 23
프톨레마이오스(Claudius Ptolemaeus) 90~168, 그리스 17
플라마리옹(Nicolas Camille Flammarion) 1842~1925, 프랑스 23, 29
피커링(William Henry Pickering) 1859~1938, 미국 29

할데인(J.B.S. Haldane) 1892~1964, 영국 161
허긴스(William Huggins) 1824~1910, 영국 25
허드슨(Rock Hudson) 1925~1985, 미국 43
허셜(William Herschel) 1738~1822, 독일/영국 21
헤일(George Ellery Hale) 1868~1938, 미국 34
호로위즈(Norman Horowitz) 1915~2005, 미국 73
호르넥(Gerda Horneck) 미국 166
하위헌스(Christiaan Huygens) 1629~1695, 네덜란드 20
호일(Fred Hoyle) 1915~2001, 영국 167
호만(Walter Hohmann) 1880~1945, 독일 46
홀(Asaph Hall) 1829~1907, 미국 25
히파르코스(Hipparchos) BC 190~BC 120, 그리스 17

용어 찾아보기

^{14}C 71, 73
2001 마스오디세이 95
AFL 185, 196
ALH84001 186
DNA 159
HZ 168. 171
MCO 88
MGS 78
RNA 159
SETI 167
SNC 운석 190

ㄱ

가스교환 실험 71
갈철석 69
감람석 142
게일 크레이터 117, 120, 127
고종 28
고초균 166
과산화물 74
과염소산염 114, 129, 175, 183, 184
구상체 187
구세프 100
규소 68, 69
규토 142
극관 20, 21, 23, 31, 52, 53, 146
근일점 충 19, 23, 26, 29, 33

ㄴ

나트륨 114, 143
내부 구조 152
노두 104, 127
노스웨스트 아프리카 190
노조미 89
뉴클레오타이드 159
뉴턴 크레이터 109

ㄷ

단백질 159

닭 수프 71

대기 36, 37, 130, 131, 148, 219

대기압 52

데이모스 25, 55, 154

돈 111

돌연변이 159

동굴 96

동위원소 186

드라이아이스 109, 146

디프스페이스 2A호 89

디프스페이스 2B호 89

ㄹ

로봇 팔 62, 118, 125

로제타 111

리바코일 109

리비아 산맥 106

ㅁ

마그네슘 68, 69, 114, 143

마딤발라스 143

마리네리스 협곡 54, 144

마스 1960A호 48

마스 1960B호 48

마스 1호 48

마스 2호 49

마스 3호 49

마스 4호 50

마스 5호 50

마스 6호 50

마스 7호 50

마스 96호 87

마스-그룬트 199

마스니크 48

마스다이렉트 202

마스드라이브 227

마스서베이어 94

마스세미다이렉트 204

마스오디세이 94, 175

마스옵서버 78, 85

마스원 226

마스익스프레스 96, 182

마스투스테이 224

마스패스파인더 80

마스헤마이트 83

망갈리안 197

매리너 3호 51
매리너 4호 51
매리너 6호 53
매리너 7호 53
매리너 8호 53
매리너 9호 53
맥로린 107
머치슨 운석 164
먼지폭풍 101
메리디아니 평원 104, 207
메이븐 194
메이플라워 3호 206
메테인 71, 96, 98, 129, 131, 149, 161, 182
무인 탐사 194
물 35, 36, 95, 104, 107, 114, 120, 121, 124, 144, 151, 173
미 크레이터 66
미생물 71, 133, 183, 212
미첼 산 23
민유인력의 법칙 18

ㅂ

바숨 42
바이러스 163
바이킹 181
바이킹 1호 57
바이킹 2호 57
박테리아 170, 189, 212
반사능 22
반지름 140
발사창 46
방사선 208, 210
베스타 111
보레알리스 분지 146
보빙사 28
블루베리 103, 142
비글 2호 96
비타민 71

ㅅ

사문석화 183
사문석화작용 148
사바티어 반응 222
사산화이질소 59
산소 37, 71, 148
산화 지르코늄전지 213
산화철 69, 83, 142, 143
샤프 산 120, 135

생명체 30, 32, 35, 115, 132, 157, 177, 185
세레스 111
세이건기념정거장 83
센타우리 몬테스 79
셔고티 운석 189
소금물 109
소저너 80
소행성 221
솔라세일 223
수르야 시단타 17
수소 71
수증기 25, 148
스카인 크레인 117
스트론튬 69
스펙트럼 36, 38
스푸트니크 1호 47
스피릿 99, 174, 182
시르티스 메이저 평원 20
시상 33
시차 20
실리카 183

ㅇ

아르곤 148
아르기레 충돌 분지 97
아리스 화산 96
아미노산 71, 159, 161
아세트알데하이드 38
아스트로노미카 노바 18
아엘리타 43
아타카마 114
안산암 83
운석 84
알루미늄 68 69
암모니아 98, 161
암산암 142
암석 84, 121, 123, 126
애디론댁 100
엄폐 16
에스페란스 104
엑소마스 185, 196
엔디버 103
엠파이어계획 200
역수가스전환반응 222
열분해방출실험 73
열수시스템 103
염소 126
염화메테인 126
오로라 프로그램 201

오리온 화성임무 201
오존층 163
오퍼튜니티 99, 174, 182
올림퍼스 산 54, 144
왕립천문학회 33
우주선 45, 46
우주인 208, 210, 217
우주전쟁 39
운석 164, 186
운하 26, 31, 39
위상계수 25
유기산 71
유기화합물 126
유토피아 평원 58, 68
육분의 17
음식 메뉴 215
이산화탄소 37, 52, 68, 71, 73, 97, 108, 129, 130, 148
이시디스 운석공 106
이온 드라이브 223
이트륨 69
일산화탄소 73, 148
잉훠 137, 197

ㅈ

자갈 122
자기구 151
자기장 153
자연철학의 수학적 원리 18
자외선 163
자철석 69, 83, 142, 143, 187
적철석 69
제트추진연구소 86, 89
존 카터 42
존 클라인 128
존드 2호 48
종의 기원 160
주기 22
주전원 17
중탄산염 114
지각 79
지진 153
진흙 120, 142
질량 140
질소 37, 71, 148

ㅊ

채널 55, 63

천왕성 21
철 68, 69
철산화물 69
철수산화물 83
침철석 69

ㅋ

카날리 26, 30, 33
칼륨 143
칼슘 68, 69, 114
커크우드 105
컬럼비아 언덕 101
케플러의 행성 운동 법칙 18
코로네이션 124
코마 22
코스모스 419호 49
큐리오시티 116, 182
크레이터 52, 55, 63, 70, 98, 102, 145
크리세 평원 58, 65
키저라이트 69

ㅌ

타원궤도 46
탄산염 106
탄산칼슘 69, 114
탄소 114, 158
탄소 동위원소 130
탄소질 운석 165
테라 시레눔 79
테라 티레나 106
테라포밍 219
토양 69, 123
티타늄 68 , 69

ㅍ

포보스 25, 55, 85, 154
포보스 1호 78, 84
포보스 2호 78, 84
포보스 - 그룬트 136
포자 가설 163, 166
포타슘 114
폼알데하이드 182
표지방출 실험 71
퓨린 71
피닉스 112
피닉스호 184
피리미딘 71

ㅎ

합 16

핵산 159

헬라스 분지 109

헬륨 71

현망간 위상 19

현무암 83, 101, 142

호만전이궤도 223

화산 145

화성 계획 47

화성 연대기 43, 117

화성-500 임무 214

화성거주단위 203

화성계획 200

화성극지착륙선 MPL 89

화성암 191

화성유인궤도정거장 계획 200

화성의 공주 42

화성인 40, 42, 87

화성정찰궤도선 MRO 105

화성탐사합동계획 199

화성표본회수계획 197

화성학회 215

화학합성자가영양생물 114

황 68, 69

황산염 69, 114, 132

황화물 104

휘석 142

흙 125

흡수선 25